朕說
怪奇百科
人類 篇

時報出版

朕說怪奇百科 人類篇

編　　繪——朕說・黃桑
主　　編——王衣卉
責任企劃——王綾翊
書籍裝幀——evian

第五編輯部
總　　監——梁芳春
董 事 長——趙政岷
出 版 者——時報文化出版企業股份有限公司
　　　　　108019 臺北市和平西路 3 段 240 號
　　　　　發 行 專 線—(02) 2306-6842
　　　　　讀者服務專線— 0800-231-705・(02) 2304-7103
　　　　　讀者服務傳真—(02) 2304-6858
　　　　　郵　　　撥— 19344724　時報文化出版公司
　　　　　信　　　箱— 10899 臺北華江橋郵局第 99 信箱
時 報 悅 讀 網—http://www.readingtimes.com.tw
電子郵件信箱—yoho@readingtimes.com.tw

法律顧問—理律法律事務所 陳長文律師、李念祖律師
印　　刷—勁達印刷有限公司
初版一刷—2022 年 7 月 8 日
定　　價—新臺幣 400 元

本作品中文繁體版通過天鳶文化傳播有限公司代理，經鹿柴（天津）文化傳媒有限公司授予
時報文化出版企業股份有限公司獨家出版發行，非經書面同意，不得以任何形式，任意重制
轉載。

朕說怪奇百科. 人類篇/朕說-黃桑編繪. -- 初版.
-- 臺北市：時報文化出版企業股份有限公司，
2022.07
320面；14.8×21公分
ISBN 978-626-335-671-9(平裝)

1.CST: 科學 2.CST: 通俗作品

307.9　　　　　　　　　　111009932

ISBN 978-626-335-671-9
Printed in Taiwan

感謝所有為本書奮鬥的朋友，朕將
為此書出版嘔心瀝血的諸位好友的
芳名刊印於此，以期永存。

功績不問高低，以下排序不分先後：
黃澤濤、劉開舉、肖　航、陳震毅、
江宗燁、陳麗亞、曾黛琪、馬曉丹、
沈雪瑩、楊慧慧、曾凱麟、陳曉笙、
商若梅、侯　健、湯煥駒

其中，特別感謝小江對朕說的巨大
付出，他對知識的熱愛和探索將永
遠地激勵我們。

朕說宮廷檔案 絕密

黃桑

一個集賤萌與貪吃於一身的皇帝，

日常小機靈，

毒舌聊八卦，

資深「窮（嗶～）肥宅」，卻胸懷整個天下。

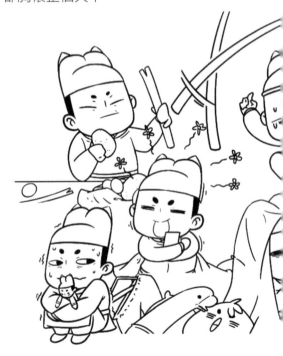

朕說宮廷檔案 絕密

小太監

善良可愛，敏感細膩，
照顧黃桑的飲食起居，
是宮裡深得人心的小暖男。

朕說宮廷檔案

錦衣衛（保鑣）

宮裡的「顏值擔當」，
身手不凡，冷酷面癱，
原是被派來刺殺黃桑的殺手，
被黃桑當場高價收買。

朕說宮廷檔案 絕密

朕說怪奇百科 ◎ 朕說宮廷檔案 ◎

然鵝

一隻永遠都吃不飽的鵝，
處於食物鏈的最底層，
是黃桑的寵物，
雖然一直被黃桑欺負，
卻幻想著有一天能制霸皇宮，
嫦鵝的男朋友。

蛋是

一隻有著特殊蛋蛋的柴犬，
看家護院，
皇宮必備。

大利

一隻脾氣暴躁的大雞，
皇宮年度吉祥物，
被賜號「大雞大利」。

目錄

為什麼有人喜歡聞臭腳？   搜

人類啊，真的是一種很奇怪的生物，

居然會喜歡聞**臭腳**！

朕說新聞 【震驚！】怪癖男子下班後愛聞自己的臭襪子，導致肺部真菌感染

都是真實的喔！

喜歡臭腳的人並不在少數

網上隨便搜尋就是

「為什麼我喜歡聞 / 自己 / 別人 / 貓 / 男人 / 女人的臭腳呢？」

是啊，為什麼呢？

今天，朕要放下其他一切事情

為你們解答一下這個直擊靈魂的問題：

為什麼有人喜歡聞臭腳？

但在解釋這個問題之前，

首先，得問另一個**直擊靈魂的問題**──

想一想，

為什麼人會討厭臭味，並且會感到**噁心**呢？

其實很簡單，

只要一點想像力就能猜到原因了。

從前有一塊腐爛的肉，

異味
異味

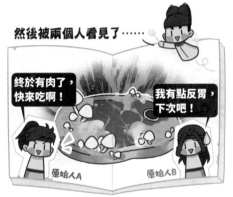

然後被兩個人看見了……

終於有肉了，
快來吃啊！

我有點反胃，
下次吧！

原始人A　　　　　原始人B

原始人A
嗝屁～

結婚生子
原始人B

—就這樣，不會聞到臭味或
者不會對臭味感到噁心的
人，基本上都滅絕了。

根據進化心理學來說，

討厭臭味是人進化多年的成果。

在自然界裡，臭味一般代表著不好的東西，

例如：**中毒**和**腐爛**，

所以噁心往往還會搭配嘔吐一起使用。

大家多半都繼承了這種本能，

面對這種可能威脅到生命安全的東西時，

大腦就會不分青紅皂白，

趕緊先命令釋放各種**激素**，

讓你覺得**噁心**甚至引發**嘔吐**，

從一開始就斷絕你所有**大膽的想法**。

好了，理論上來講，

人類是天然排斥臭味的。

但為什麼偏偏會有人喜歡聞臭腳呢？

真是讓人頭大！

對此，科學家們有多種解釋：

1　有的人對臭味不敏感

人對於臭味的感受是很**主觀**的。

有人覺得臭得無法忍受，

有人可能會覺得也沒那麼臭，這個很正常。

但這個理論解釋不了一件事——

不敏感可以不聞啊！

2 確認自己的存在

　　據說人是需要時常透過外在的人和事**確認自己的存在**，

例如：透過別人的評價就能對自己的存在有更完整的認識，

又例如：聞自己的腳，

一邊想著**「腳是臭的」**，一邊聞到**熟悉的味道**⋯⋯

就非常符合自己的期待，

從而產生出一種確認自己存在的安心感。

嗯‥‥‥

先別急著否認，這是有**科學依據**的。

一下子接受不了吧？

噁心、恐懼、疼痛這些東西，

理論上，都是人類**本能想要避開的**。

然鵝

事實上，不只聞臭腳這種行為，

還有各種**從邏輯上判斷不應該做，**

但大家偏偏做得很開心的事，

包括但不限於：

看別人擠痘痘；

看恐怖電影；

坐雲霄飛車；

吃辣……

看別人擠痘痘會感到噁心；

看恐怖電影會非常害怕；

坐雲霄飛車過於刺激；

辣的本質是一種**痛覺**……

所以大腦喜歡讓我們去做大腦自己不喜歡的事？

我的腦子有點轉不過來了。

這種理論上矛盾的東西，

實際上大家也知道自己**有多喜歡**。

吃辣不用說了，

喜歡看恐怖電影和坐雲霄飛車的人也不在少數，

而網站上的擠痘痘影片甚至有幾十上百萬的點閱量。

朕的影片點閱量
都沒這麼高！

有心理學家總結了一下這種現象，稱之為**「良性自虐」**。

它的原理大概是下面這樣的：

經過千萬年的進化，

人類的本能會自動應對各種危險，

例如：你在看恐怖電影，這時你的大腦就分成了兩派，

本能派認為：

而**理智派**則認為：

身體進入了**高度興奮**狀態，
理智卻告訴你現在的**環境很安全**。
因為你知道正在發生的事——
不管是擠爆長在別人臉上的痘痘也好，
還是活在恐怖電影裡的殺人狂魔也好，

嚴格來說，它們都——

於是你就「自動浪費」了身體釋放的各種**「興奮劑」**，
開始享受這種**「情緒電壓」**帶來的**愉悅感**。
你的感覺會很好，甚至開始期待下一次……

臭腳也是一種**威脅**，因為臭可能代表了細菌、疾病等等。

但是你的理智告訴你臭腳的危險性很低，

所以它也算是一種「良性自虐」。

但是問題又來了：

為什麼很多人只聞自己的腳，

卻嫌別人的腳噁心呢？

這又是一個直擊靈魂的好問題！

心理學家有做過一個實驗：

讓媽媽去聞多個孩子的紙尿褲，並根據臭味打分數。

最終分數上來看，

每位媽媽**對自己孩子臭味的評分，都要比其他孩子平均低 35%**。

也就是說，

臭味是一種主觀感受，受感情的影響。

越跟自己親近的人就越不會覺得他很臭。

> **俗話說，你真正喜歡一個人的時候，會覺得他大的便都是香的——這是有科學根據的！**

從個人的角度來說，自己是自己最親近的人，
所以自己的腳臭是最不臭的，也就是**危險性是最低**的。

還記得「良性自虐」的前提嗎？
安全是「良性」的重要保證，
所以你的大腦已經做出了判斷——

「自己的腳就是最佳選擇！」

當然還是會有勇士敢於選擇別人的腳！

同樣的道理，
只要動物智商夠高，能夠分辨什麼是安全的刺激，
也有可能會「良性自虐」。
例如：日本有隻喜歡靜電的狗，
推測一開始只是偶然被靜電嚇到，
後來居然學會了用鼻子和毛巾摩擦生電，
然後用鼻子碰金屬椅子，自己電自己。

**據牠的主人所說，它這樣「自虐」
已經有 3 年了……**

「良性自虐」這種行為基本上是無害的，

但是玩太超過了，可能就會變成**心理陰影**。

例如：看恐怖電影時被人惡作劇一下，

就容易留下心理陰影，

可能再也不喜歡恐怖電影了。

咳咳，

扯得有點遠了。

總之，**人是渴望刺激的，**

小到聞臭腳、看恐怖電影，大到跳傘、攀岩。

這些「良性自虐」**能在比較安全的範圍內**

激發人類情緒上和身體上的興奮感，

讓人從無趣的日常裡解放出來。

所以，如果你下次感到無聊了，

不妨聞聞自己的腳！

吃進肚子裡的東西會變成什麼？

人體是一台精密的機器，面對外界的各種變化，
它都能自動調節並適應環境，非常有智慧。

但人體也有不夠智慧的時候，那就是──
吃下去的東西明明可以變成這麼多其他東西，

儘管現代人對脂肪深惡痛絕，但實際上，

全靠脂肪，
我們的老祖先才能打敗眾多頂級掠食者，
站在**食物鏈的頂端**。

所有人都知道，想要活著就得吃飯。

但在**原始社會**，**找不到東西吃**才是常態。

例如：冬天動物出沒變少，

但秋天打獵得到的肉**也放不了太久**，

當時又沒有冰箱，該怎麼辦？

當然是能吃多少就吃多少。

最理想的情況是，

東西吃下去後能**變成燃料儲存起來**，晚點再拿出來用。

眾所皆知，人體提供能量的物質有三種：

醣類、蛋白質、脂肪。

也就是說，於是我們老祖宗的身體有三種燃料可以選擇。

人類老祖先就有點疑惑了：

吃下去的東西，

要轉變成哪個才好？

先來看看**醣類**。

醣類的特點是**速度快**，

只要身體一需要能量，就能很快開始提供。

醣類雖然跑得快、反應即時，但也有兩個**致命缺點**。

首先，每公克醣類的**貯存能量少**，不夠經濟實惠。

其次，**合成醣類需要很多水**。

如果要合成大量醣類，

恐怕得不停喝水，不停上廁所。

而**蛋白質**主要藏在肌肉中，

光是在這裡放著不動就很**消耗熱量**。

如果吃下去的能量都長成肌肉，

就需要消耗更多的能量來維持。

也就是說，想要蛋白質當燃料的話，

還得先消耗大量燃料。

這也太蠢了！

所以身體也不會選擇蛋白質當主要燃料。

脂肪就不同了，突出特點是**經濟實惠**！

不用消耗水，熱量消耗也小，
而且很少的脂肪就能貯存很多能量，簡直是**超高效燃料**。
所以身體當然選擇脂肪當主要貯存手段了。

人類的身體**非常熱愛脂肪**。
人的脂肪含量是自然界中算高的，
男性的體脂率在 **10-20%**，
女性的體脂率在 **20%-30%**，
而整天癱在豬圈的豬，牠們的體脂率也才 **15%** 左右
這還是經過千百年的配種，選出來肉多的。
野豬脂肪只會更少。

有了這麼多的能量儲備，人類這下就厲害了，

雖然**力量**和**速度**不及各種猛獸，但是說到**耐力**，

人類在自然界裡基本上可以說是最強的，

甚至沒有之一。

透過脂肪的能量支持，

原始人甚至**可以長時間追逐獵物**，活活累死牠們。

脂肪長的地方也很講究，一般長在**肚子**上。

這簡直是**造物主美妙的設計**。

因為人類是以脊椎支撐重心的，

原始人整天跳上跳下，

要是長在頭上、手上，很容易會影響動作，

但長在肚子上，**既不影響動作**，

還能緩衝保護一下內臟。

SAFE!

為了應付有上頓沒下頓的生活，人體變得非常聰明。

如果比較長期處於飢餓的狀態中，

身體檢測到脂肪不斷減少，就會自動調節到節能狀態。

人體會透過各種手段，例如：**分解掉不必要的肌肉，**

來自動減少日常的消耗。

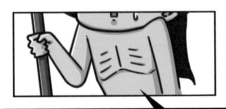

糟了，最近餓得厲害，得省著吃。

同時如果能找到下一頓，身體就會抓緊時間，
盡可能囤積脂肪，以應對下一輪的**挨餓**。

不會以後還要餓吧？趕緊先囤脂肪！

遠古的人正是憑藉著一身**脂肪**和**智慧調節機制**，
才能在殘酷的自然中生存下。

對於現代人來說，情況可能就不一樣了。
前面說到，以前**找不到東西**吃是常態，
但現在——

你說啥？

脂肪長在肚子上，對以前的人沒什麼影響，
但現在——

跑不動了……

人體非常聰明，一旦飢餓消耗脂肪，

就會**更努力地補充脂肪**……

我之前還節食了兩天，怎麼還變胖了？

……

……

……

都是世界的錯！

流汗~
流汗~

那麼該怎麼減肥呢？

簡單來說，

攝取熱量 > 消耗熱量，就會變胖。

攝取熱量 < 消耗熱量，就會變瘦。

但很多人不能好好理解這個道理。

錯誤的減肥方法不僅**對身體沒有益處**，

而且最慘的是──

沒什麼用！

放棄吧！根本沒有什麼減肥神器！

說什麼吃椰子油就能減肥，

說什麼有工具就能減肥，

什麼動作每天輕輕做一兩下能減肥，

全都是騙人的！

真正有效的藥物有**強烈的副作用**。

抽脂手術對身體有傷害，還容易**讓皮膚鬆鬆垮垮**。

這些都不推薦。

其他號稱能快速減肥的東西，全都是要**犧牲自己的健康**！

既然你執迷不悟，那我就來打醒你！

碰！

減肥迷思 2

餓就對了

？？？

很多人喜歡靠節食來減肥。

但前面已經講過，身體是很聰明的。

一餓，身體就進入**節能模式**，瘦得沒想像中多。

一吃，身體就進入**儲藏模式**，**加倍補回去**。

這就是為什麼節食減肥很容易反彈的原因。

理論上一直節食減少了熱量消耗，確實可以減肥。
但一來容易缺乏營養，不健康，
二來絕大多數人堅持不了。
說句不好聽的，

**要是有堅持節食的意志力
當初就不會吃胖了！**

減肥迷思 3

只吃水果

很多人只吃水果來減肥，

覺得自己這樣吃就很健康。

實際上這樣不僅會**營養不均衡，效果也不好。**

什麼？

因為脂肪有兩種來源：

一是**食物裡的脂肪**經過反應後被吸收，

二是**食物裡的醣類**經過反應後轉化成脂肪。

簡單來說，導致你變胖的可能原因主要有兩個：

油脂吃多了，
醣吃多了。

而水果裡就有大量果糖，果糖會轉化成醣，
如果把水果當正餐……

人類進化了千萬年，才進化出這套完美的挨餓機制，但身體萬萬沒想到，人類居然有吃不完的醣和脂肪。

減肥迷思 4

瑜伽伸展

也有人做做伸展、瑜伽就覺得能減肥，其實並不能。

因為**運動強度太小了，**

根本用不著脂肪燃燒去幫忙，跟不運動沒什麼區別。

還有各種高溫瑜伽，感覺自己汗如雨下、體重狂掉，

實際上只是**出汗脫水**了而已。

喝口水就補回來了！

當然也有很多人會用以下理由來讓自己不運動。

如果一不小心肌肉練太大，就太難看了，到時又要怎麼辦？

首先，只要肌肉量上去了，

基礎代謝就會**提高**，就可以做到躺著瘦。

其次，**肌肉增長是非常困難的事情，**

特別是對於**女生**而言，

擔心這個是完全沒有必要的。

其實，真正的減肥方法很簡單。

用均衡的飲食（包括吃肉）吃飽，

保持一個健康的狀態，同時加上適當強度的運動，

增長肌肉、減少脂肪，

真正做到讓**攝取熱量 < 消耗熱量**，自然就瘦了。

就像肥肉不是一天吃出來的，

減肥也不是一天能減下來的。

只有堅持，才是減肥的唯一方法！

如何科學地喝水？

俗話說得好，**人是水做的**。

等等，不好意思打斷一下，我是奶茶做的。

前幾篇的醣和脂肪還沒讓你停下啜飲奶茶的嘴嗎？

還是乖乖喝**白開水**吧。

但想推廣這個觀念真的很難。

畢竟一提喝水，你就——

聽說每天要喝 8 杯水？

冷漠～

礦泉水、蒸餾水、白開水喝哪種好？好麻煩啊！

冷漠～

聽說隔夜水喝了會致癌？好可怕啊！

為了讓你們沒理由拒絕多喝水，

今天朕就來全面科普一下：

水，究竟該怎麼喝？

大家好，朕是「提醒喝水小幫手」，這是今天的第一輪，希望此刻看到這篇文的人可以和朕一起來 1 杯水，1 小時後你繼續回來看這個段落提醒自己喝水。和朕一起成為一天 8 杯水的人吧！

「每天要喝 8 杯水！」

這句話，你一定聽到耳朵都長繭了，

但至今為止，沒有一天做得到。

那每天究竟需不需要定時定量的**喝 8 杯水**呢？

如果要喝的話，**杯子是多大的杯子？**

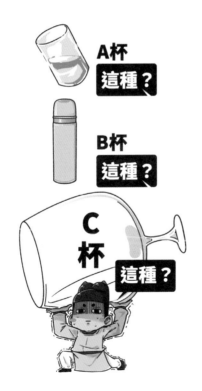

眾所皆知，水約占人體組成的 70%，
不僅血液和內臟器官飽含大量水，
就連你的大腦裡，80% 都是水。

懂了嗎？真正科學的罵人該說
腦子缺水而不是腦子進水。

人類如果不吃飯，也許能活 30 天左右，
甚至有人能活上 100 多天
但人類如果不喝水……

也完全 OK？

不，3 天就能去地獄領取錄取通知書了！

而人類每日的**排水量**大致是──

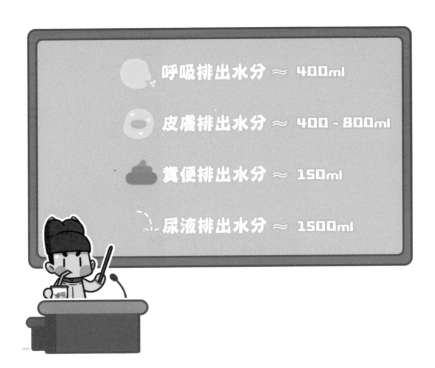

呼吸排出水分 ≈ 400ml

皮膚排出水分 ≈ 400 - 800ml

糞便排出水分 ≈ 150ml

尿液排出水分 ≈ 1500ml

按照排出多少就得補多少的原理來看，零零總總加起來，
一個成年人每日所需的水量約為 2500ml。

蛋是

別著急，這並不意味著每天要喝 2500ml 的水，
畢竟每天吃進的東西都會自帶或者產生些水分。

所以，

按照《居民膳食指南》推薦，

成年人每天喝水 1500 - 1700ml。

按照一個紙杯 200ml 的容量來算，

確實是需要 **7、8 杯**左右。

那麼，每天就必須得喝 8 杯嗎？

畢竟喝水又不是做數學題，非要標準答案才能滿分，

而且在氣候環境、運動量等因素影響下，

答案也會改變。

所以喝水這件事不是非要 8 杯，但也**不能太少或者太多**。

每天喝水太少，

等到身體都**反應渴了**才去喝水的話——

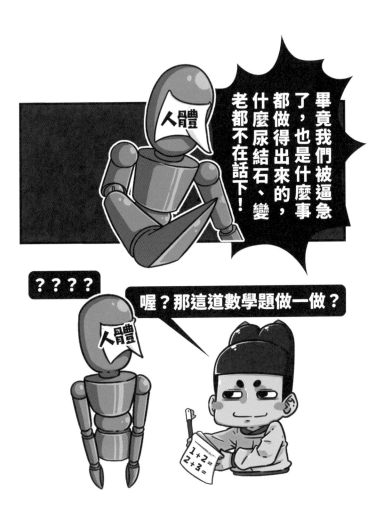

畢竟我們被逼急了，也是什麼事都做得出來的，什麼尿結石、變老都不在話下！

喔？那這道數學題做一做？

？？？？

而如果**短・時・間・內・喝・大・量・水**，

可能真的會中毒！

身體來不及排出多餘水分，導致水分在體內滯留，

從而引起<u>血漿滲透壓下降和循環血量增多</u>。

美國加州就曾有一人比賽前喝了 7.5L 水沒上廁所，

下午就水中毒**去世了**。

蛋　　是

也不要太慌張，畢竟 7.5L 水約等於 13 瓶礦泉水，而你們平常能在沒人催的情況下**喝 1 瓶都不錯了**。

水與中毒致癌不得不說的二三事

隔夜水、反覆煮滾的水會**致癌**？

早上喝冰水久而久之會**痛經**？

喝熱水才是**養生**？

……

水一定也沒想到，

自己都這麼透明了，卻**還能被不斷造謠！**

這個年代，當個透明人都這麼難了嗎？

誰在說話？

隔夜水和反覆加熱水的致癌論可謂是流傳已久。

其致癌的理由是：**亞硝酸鹽含量高。**

水中的亞硝酸鹽是由水原本自帶的硝酸鹽，

反覆燒開，高溫缺氧後變成的。

其次，攝取過多的亞硝酸鹽，
會使血液中攜帶氧氣的**低鐵紅蛋白**氧化成**高鐵血蛋白**，
導致它帶不動氧氣，造成缺氧，
俗稱：**變性血紅素血症**。

當亞硝酸鹽攝取量達到 0.2-0.5 公克時，會導致中毒，
超過 3 公克人就 GG 了。

蛋是

注意重點是**過量的攝取**，任何不以量提毒的都是在唬你！

那麼，

重複加熱水或者隔夜水的**亞硝酸鹽含量是多少呢？**

曾有人做實驗：

把桶裝水反覆加熱 181 次後，

亞硝酸鹽的含量為 3-4 微克 / 公升，

而中毒需要的是 0.2 公克。

這麼看，不僅需要反覆加熱 181 次，

還得喝上 **66666** 公升的水，才有機會中毒。

能做到以上條件，那你真是——

最後，隔夜水和反覆煮滾的水，還是不建議喝，

理由主要是：

一是不蓋好蓋子容易積灰，

一是反覆煮還挺費電的。

煮那麼多次，電費不要錢啊？

而冰水在女性養生領域裡簡直就是禁忌！

喝冰水會痛經，

寒氣入體傷害子宮，

甚至不孕不育。

......

真是太可怕了，讓朕先喝口冰水冷靜一下！

目前並沒有科學研究顯示，冰水有哪裡不好。

蛋　　是

真的有科學研究顯示——

熱水真的並不好。

65°C以上的熱飲是 2A 類致癌物，會損傷食道黏膜。

如此反覆喝熱水，會使黏膜細胞癌變的風險增加

所以，還不如喝冰水呢，

畢竟喝熱水你還要——

究竟 能不能 單純的 喝個水

現代人注重養生是好事，但工夫似乎用錯了地方，
畢竟誰能會想到就連喝水都能有甜黨和鹹黨的爭論，
早上究竟該喝一杯**蜂蜜水**，還是喝一杯**淡鹽水**？

鹽水排毒清腸胃！

蜂蜜水通便！

首先，**鹽水並不能排毒！**
華人日常吃鹽已經過量，都被要求控制鹽量了，
還來杯鹽水？

我懂了，你們就是光明正大
把我的話當耳邊風。

其次，**蜂蜜水通便是有效的。**

但原理是有人果糖不耐症。

如果碰巧你沒這種情況的話，那多喝蜂蜜水只會——

最後，除了甜鹹黨之外，

市面上還延伸出一大批不同功效的水：

陰陽水、嬰兒水、鹼性水、蒸餾水……

讓人眼都花了。

實際上一句話就能總結，

這些水真的會更有營養嗎？

這些水**含鈣量**不如牛奶，
含礦物質量不如你日常好好吃飯。
喝水，我們能不能單純點，
就衝著補水去喝？

最後的最後，**喝水減肥是真的。**
在飯前喝點水，能讓你有些飽足感，
之後少吃點。

所以，現在看完了這篇文的你，
手中的那杯水喝完了嗎？
沒有的話……

過敏就是矯情嗎？

在日常生活中，也許有愛卿遇到過這樣的情形：

這孩子真矯情！

過敏就是矯情嗎？

過敏真的會導致死亡嗎？

過敏疾病可以治癒嗎？

今天，朕就要來說說這種**被一些人小看的疾病！**

以後誰敢說過敏沒什麼，過敏是小事，就用朕的這篇文章砸在他臉上。

暴走變態的細胞

過敏是怎樣產生的呢？

大家都知道，

當有異物（病菌等）進入人體時，

人體免疫系統便會產生清除這些異物。

當一些過敏原（一般是正常的物質，例如：花粉、海鮮、酒精）
進入人體時，

第一次，免疫系統會產生抗體**吸附**在細胞上，

此時，人體當作**無事發生**。

當人體**再次**遇到同種物質的時候，

這些曾經吸附抗體的細胞——

暴走了！
黑化了！

它們釋放**組織胺**，對正常的人體**造成傷害**。

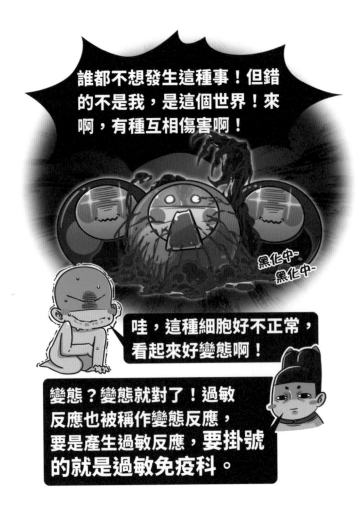

誰都不想發生這種事！但錯的不是我，是這個世界！來啊，有種互相傷害啊！

黑化中～
黑化中～

哇，這種細胞好不正常，看起來好變態啊！

變態？變態就對了！過敏反應也被稱作變態反應，要是產生過敏反應，要掛號的就是過敏免疫科。

整個過程如圖：

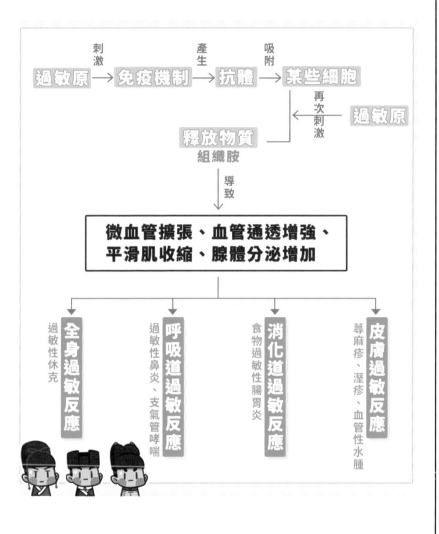

在過敏反應中，有一種十分重要的物質就是——

組織胺。

就是組織胺引發了人體**噁心、嘔吐、脫水、蕁麻疹、過敏性休克**

等過敏症狀。

過敏來得快，去得也快。

常見的過敏反應

1　鼻塞、噴嚏

2　皮膚搔癢，起圓形、橢圓形或不規則形狀的疙瘩

3　呼吸困難、喉頭水腫

其中，最嚴重的就是**過敏性休克**。

常見的引發過敏性休克的原因是如下：

食物

（例如：小麥、桃子、花生）

服用某些藥品

（例如：含青黴素的藥品）

昆蟲刺傷

一般來說，在發生常見的過敏反應的同時，

口部發癢並順著咽喉也發癢，

要特別注意！

因為患者可能因**咽喉水腫**或**哮喘**，

同時血壓驟降（甚至可到零），以致因**窒息而死亡**。

發生這一切就只需要幾分鐘的時間。

知名歌手鄧麗君就是因為過敏性哮喘而逝世，如果有藥物過敏史的愛卿，在服藥時必須特別注意！誰再敢說過敏是小事，朕就把誰的屁股從兩半打成四半！

從前一部分可以看出，

過敏其實是人體的一種**免疫缺陷**。

那麼，究竟哪些因素引發了過敏呢？

不就是有過敏原？

還有本質上的原因。

哮喘是一種常見的呼吸道疾病，也是一種過敏性疾病，
被世界醫學界公認為四大頑疾之一，
是**僅次於癌症**的世界第二大致死和致殘疾病。
在英國，每天就有三人因哮喘喪命。
在 BBC 紀錄片《**地平線系列：過敏世界**》中，
科學家分別證明了引發過敏的因素：

基因

在非洲海岸 1500 英哩的，
地球上最偏遠的人居島嶼——
特里斯坦·達庫尼亞群島。
這個島嶼歷史上大部分時間與外界隔絕
必須經 7 天的船運才能到達。
島上只有 **7 個家族**的人，
266 名居民中，有**將近一半**患有哮喘。

我的人生感受就是：從我出生起，
命運就一直在扼住我的喉嚨⋯⋯

科學家花了 40 年，發現了 **ESE-3** 的這個特殊基因。
它負責監控**氣管中的膠原蛋白沉積**。

一旦這個出現了問題，就會產生**過多**的膠原蛋白，

壓迫氣管，進而造成**呼吸困難**。

最慘的是，這種基因還會遺傳給下一代……這種由基因引發的疾病，都比較難治癒……

環境汙染

不過，基因在過敏原和哮喘中只發揮了部分作用，

在哮喘中的作用約占三到四成，

五成以上的哮喘起因**跟基因無關**。

二戰前，過敏症幾乎不列入衛生議程。

然而到了 **1950、1960 年代**，

哮喘和花粉症患病率一路飆升。

這是為什麼呢？

科學家證明，這是**受粉塵空氣的影響**。

有的人去德國玩，帶回一身嚴謹氣息；
有的人去義大利玩，帶回一身浪漫氣息；
而我，去俄羅斯玩，帶回一身酒氣。

酒氣～
薰天～

清新空氣

有些人僅僅是住在**主要公路**的附近，

也能極大地增加患上過敏性疾病的風險。

空氣汙染確實**引發或者惡化**哮喘病或過敏症。

這也是為什麼有時候哮喘病人換個良好的生活環境，

病情就會**減弱**。

你體內的細菌 太太太太少了

還有一種說法：

因為現代人接觸的環境相對於原始居民而言，

都是**比較乾淨**的，

體內能有效對抗環境過敏原的細菌**較少**，

導致患過敏機率上升。

據檢測，過敏的人**體內細菌總數比常人低**。

這不是「不乾不淨吃了沒病」的說法嗎？那我就可以放心吃路邊攤了。

真是邏輯鬼才，這樣吃只會讓你體內有害細菌爆表⋯⋯

你沒有女友①，可能是因為過敏

那麼，哪些物質可以引發過敏反應呢？

答案是**什麼都可以**⋯⋯

1　那些奇奇怪怪的過敏原

據調查，在引發華人過敏性休克的食物過敏原中，占比最高的就是小麥，也就是**麩質過敏症**（穀物過敏），就是**不能吃所有和小麥有關的東西**。

食物過敏一旦嚴重起來，
就意味著你不能享受更多美食⋯⋯

▼

在美國，曾經有個 6 歲小男孩，因為食物過敏，
自出生以來只能吃 **7 種**食物──
（蘋果、葡萄、番茄、檸檬、香蕉、馬鈴薯，還有普通稻米）
這對吃貨來說，簡直殘忍。

▼

有的人對口水也過敏。

朕說新聞　【震驚！】被吻過的地方過敏，
某地美女質疑男友口水有毒！！！

都是真實的喔！

▼

更別提那些對空氣、溫度變化、陽光過敏的人
究竟有多痛苦了。

天一冷就感冒，可能是對冷空氣過敏。

2　防不勝防的過敏原

有些物品看起來會引發過敏，

實際上是因為**沾染上過敏原**。

也許各位愛卿還聽說過「口紅病」。

除了本身對口紅裡的物質過敏外，

口紅裡的**羊毛脂**具有較強的吸附性，

能將空氣中的**塵埃**、**細菌**、**病毒**等有害物質。

微小顆粒吸附在口唇黏膜上，

也就是說，如果對這些有害物質過敏。

塗上口紅，也很有可能引發症狀。

如果對口水、口紅都過敏，接吻就成了奪命之吻，單身做錯了什麼，都這麼被對待⋯⋯

一些對**蟎蟲過敏**的人，

接觸**食物、衣服**這些原本不是過敏原的東西會不適，

很有可能就是因為**這些東西裡面含有蟎蟲**。

該拿這顆定時炸彈如何是好？？

目前比較經濟方便的方法就是——

控制過敏原！

首先，各位愛卿可以上醫院進行
過敏原皮膚試驗 or **血清 lgE** 檢測，
查清自己究竟對什麼過敏。

**用可能的過敏原試劑注入或者滴在皮膚上後，
用針做點狀刺傷，看是否有過敏反應。**

雖然這個方式看起來比較簡單，但千萬不要自行檢測！！！

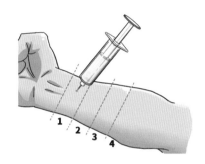

抽血後，透過檢測血液中的過敏原特異性 lgE 抗體進行確認。

如果有條件，可以在醫院進行**抗敏治療**。
原理是透過**小劑量、遞增法**給病人
注射相應的過敏原以達到逐漸抗敏的目的。

這個治療週期很長，一般要 3 個月以上。當然，過敏的愛卿千萬不要自行治療，把握不了過敏原劑量很容易出事。

我不能吃麵食，我過敏。

你也太矯情了吧！

……
朕過敏先走了。

嗯嗯嗯~

你又對什麼過敏？

朕對傻子過敏。

而一些過敏者在生活中就**儘量避免**接觸過敏原，

也可以在家裡常備**抗過敏藥物**。

不過，抗過敏的藥物也不是所有人都適用。

衛生福利部食品藥物管理署就列有

抗過敏藥物的相關資料與注意事項：

品名	特色	副作用
抗組織胺 Antihistamines	全身性抗組織胺有鎮靜性抗組織胺及非鎮靜性抗組織胺。常用於治療過敏性鼻炎及輕微皮膚搔癢症狀；局部使用抗組織胺：使用抗組織胺鼻噴劑，可直接作用在鼻黏膜上。	副作用為口乾、舌燥、想睡、視力模糊及腸胃不適等。服藥期間可能會造成嗜睡，應避免開車、操作機械及飲酒。局部使用抗組織胺較少產生嗜睡及頭痛，但可能會有鼻刺激、口乾、喉嚨痛及流鼻血等副作用。
類固醇 Corticosteroids	全身性類固醇對氣喘、嚴重的過敏反應或自體免疫疾病，可能會用類固醇直接抑制發炎反應。口服類固醇與食品或胃藥併服，以減少腸胃不適。局部使用類固醇較全身性類固醇劑量低、效果好且較不易產生全身性副作用。	使用如果不明原因發燒、喉嚨痛、血便或黑便、幻覺或急遽情緒波動等情況，請速與醫師聯絡。含類固醇吸入劑可用於氣喘及慢性阻塞性肺病治療，用完必須漱口，減少口腔念珠菌感染。
去鼻充血劑 Decongestants	作用在使鼻黏膜血管收縮，用來快速緩解鼻塞的症狀。對其他鼻炎症狀皆無效果。藥局所販售的鼻噴劑多為此類。	副作用為血壓增加、心悸，故有心律不整、高血壓、心臟病、青光眼者不適用。長期使用易會造成藥物性鼻炎，加劇鼻塞症狀，因此不建議連續使用超過 3-5 天。
肥大細胞穩定劑 Mast cell stabilizers	可抑制肥大細胞釋放過敏物質，主要用於預防鼻子過敏的發生。主要用於預防鼻過敏的發生，因此應在過敏反應發生前就使用。	沒有明顯副作用，算是相當安全的藥物，但相對類固醇及抗組織胺鼻噴劑的效果來得差。

怎麼睡覺才能有效率地恢復精神？

身為一名現代人，我們都要面對一個**強悍的敵人**。

它極其強大，

更恐怖的是，每天晚上它就會**準時來到**！

啊？乖乖站好！

熬夜太強大了，

現在的年輕人多半沒人能夠逃出它的**魔爪**。

儘管每次熬完夜都會後悔，並告訴自己不能再熬夜了，

結果到晚上呢⋯⋯

嘴上說不要，身體卻很老實！

不行，我明天一定不能再熬夜了⋯⋯

蛋　　是

熬夜一時爽，
白天火葬場。

熬夜不僅會讓人休息不夠而感到很**累**，
也容易讓人**內分泌失調、焦慮、肥胖、脫髮、抵抗力下降**……
還有機率**猝死**，
還讓人找不到對象。
……

前面的就算了，最後這個你瞎說的吧？

不是啊，你自己都睡不好，
怎麼有精神去追別人？

怎麼樣睡覺才科學？

如何用最少的睡眠時間，

來達到有精神的狀態？

這就要從**睡眠週期**開始說起了。

一個睡眠週期大概 **90 分鐘**（因人而異），

每個週期又包括 **5 個階段**，

它們分別是：

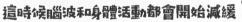
這時候腦波和身體活動都會開始減緩。

進入淺層睡眠狀態，這個階段很容易被叫醒。

這兩個階段很難叫醒，同時身體會進入清理模式，修復細胞。

順便提一下，這個階段的人很難被叫醒，
但叫醒了之後，腦袋就會昏昏沉沉，
很久都反應不過來。

快速動眼睡眠期
(REM)

這個階段眼球會快速轉動，所以叫這個名字。
這個狀態比較接近清醒，也很容易叫醒。

順便一提，由於這個狀態基本上是最接近清醒，
所以做夢一般都是在 REM 這個階段。

所以，一次**完整的睡眠**大概是這樣的：
從**階段 1** 入睡開始，睡眠週期就會**不斷循環**。

也就是不斷從**清醒**走到**熟睡**，
又從**熟睡**走到**清醒**。

正常人需要 **4-5 個睡眠週期**，

醒來才會有精神，不會有想睡的感覺。

隨著這個過程不斷循環，

熟睡期和**深睡期**會不斷減少，**淺睡期**和 REM 不斷增多，

最後就會**自然醒了**。

錯誤觀念① 晚起毀上午，早起毀一天

早起就一定會睏？不不不，這可不一定。

睡醒還是感覺很睏，

除了和**睡了多久**有關，也和**醒來的時機**有關。

起床的時候應該選擇**淺層睡眠期**或者 REM

這兩個比較容易醒來的時間，

它們分別是週期結束的前後。

也就是說，只要我們大概在睡眠週期結束前後醒來，就不會睏了。

以睡眠週期為 90 分鐘一次為例，

假如你是在 12 點鐘睡的，

那麼每次睡眠週期的結束時間是：

1:30 / 3:00 / 4:30 / 6:00 / 7:30 / 9:00

以睡夠 5 個睡眠週期來算的話，

7:30 左右就是一個很好的起床時間。

相反地，如果你硬要選擇在 8 點起床的話…
雖然看起來睡覺的時間變長了，

蛋是

由於剛好處於**深層睡眠狀態**，大腦正在**休息**，
這時候突然被叫去工作了，**就有起床氣、會想罷工**，
所以你醒來就會容易有種「沒睡醒」的感覺。

錯誤觀念② 午睡可以補覺

其實只要**晚上睡夠了**，白天睡不睡都沒什麼問題。

如果熬夜一兩天的話，

午睡確實可以讓人恢復精神。

蛋　　是

如果**長期失眠**，

每天都想要用午睡補眠的話……

而且要午睡的話，不要睡太久，

一般控制在 **10-30 分鐘**內就好。

因為一旦睡久了，就會進入**熟睡狀態**，

而且由於是**第一個**睡眠循環，深層睡眠的時間**最長**，

也是大腦休息得最爽的時候，

但這時——

於是，大腦就會有種**吃鱉**的感覺，
非常難受。
直接影響到下午的精神狀態，
很容易**渾渾噩噩**，比不睡還慘。

錯誤觀念③ 每天睡夠 8 小時才是好的睡眠

每天睡 8 小時的說法早就已經深入人心了。

其實 8 小時只是一個**平均值**，
睡少了不行，睡多了也不行。
國外跟蹤調查了每天睡 9 個小時的人，
發現他們的死亡率跟睡不夠 6 小時的人是**一樣**。

睡懶覺的人不要以為自己安全了！

有人只睡 6 個小時就很有精神；
有人要睡 9 個小時才不睏；
有人按 8 小時來睡，醒來時**反而覺得難受**，
7.5 個小時才剛好。

大家的**基因和身體狀況**都不同，
睡眠時間也是**因人而異**，

強行要求自己睡特定時間並不科學。

只要醒過來感到精神，白天也不睏，

那麼你的睡眠時間就是足夠的。

解決方法就是找放假的幾天，每天按時睡覺到自然醒，看看自己大概需要多少睡眠時間。

錯誤觀念④ 一定要早睡

早睡早起身體好，

這句話基本上是人人都會說的了。

蛋是

問題來了：

如果有人天天 12 點睡、8 點起，

突然變成 11 點睡、7 點起，

會更健康嗎？

答案是不會！

事實上，

經常改變入睡時間，跟熬夜也差不多。

因為睡眠有兩條黃金法則：

1. 夠長　2. 規律

比起早睡，規律是更加重要的。

你的間歇性努力相當於熬夜。

？？？？

而根據基因不同，

有的人屬於**「早睡型」**，有的人屬於**「晚睡型」**。

「晚睡型」的人就算晚睡了，

只要是**規律晚睡**，就不會對身體有太大的影響。

既然是這樣，那我就直接熬夜好了，反正晚起就行了嘛！

就知道你會這麼說，太天真了，來看下一個錯誤觀念。

錯誤觀念⑤ 只要保持睡眠時長就可以晚睡

等等！這不是跟上一條矛盾了？

當場打臉？

別急，雖然有人是天生的「晚睡型」，

但不妨考慮個極端的情況——

白天睡覺、晚上活動。

這樣的話，即使睡夠時間，

「晚睡型」的人才也是**撐不住的**。

這誰撐得住啊！

「晚睡型」也只是**一定程度**上的，

人畢竟還是**晝行性動物**，身體內是有**生理時鐘**的。

人體激素的正常分泌會受到光照調節，所以有一定的週期規律，

而且「晚睡型」比起「早睡型」更容易出現**憂鬱症**。

所以也不要拿睡眠時長為藉口，

熬夜加晚起了。

能早睡還是早睡吧！

此處分隔線

其實熬夜是一種**拖延症**。

現在的人玩樂變多了，

但是白天在**工作、學習**方面，我們使用掉了很多時間。

於是晚上就**捨不得睡覺**，一直玩到深夜。

一直睡不夠的話，身體會很快**熬不動**。

而晚睡晚起雖然能保證睡眠時長，

對身體傷害小一點。

仔細想想，用**早睡早起**代替**晚睡晚起**的話，

不僅能變得更加**健康**，也能有**一樣長的娛樂時間**，

何樂而不為？

以前老是熬夜，我覺得很快樂，但自從早睡早起後，我才發現以前的快樂根本不是真正的快樂！

有了早睡的想法後，

還可以用些**小手段**來幫助自己。

研究顯示：

入睡是**身體逐漸變冷的過程**，

而體溫又有升高後降低很快的特性，

所以可以睡前 90 分鐘洗個熱水澡，

或者睡前 2-4 個小時做些運動，讓體溫升高，

（臨睡前才做運動反而會讓大腦興奮更難入睡）

這樣臨睡前**體溫就會快速降低**，比較容易幫助入眠。

當然開空調也可以
達到同樣的效果。

除了體溫，讓**大腦減少活動**也是很重要的，

所以臨睡前不要再受什麼刺激了。

例如：傳說中軍隊的快速入睡法，可以透過**冥想**，

想像自己各個身體部位逐漸**放鬆**。

又或者將自己的**注意力放在呼吸上**，

這樣大腦很快就會**放空**，就很容易睡著了。

不行的話，身邊有**教科書**什麼的，

也可以先拿出來看看，

效果拔群！

但是**學霸慎用**。

當然了，

你要是傳統派，**數羊也是完全 ok 的**，

同樣可以發揮放空大腦的效果。

蛋是

據說外國人數羊是因為 **sheep 和 sleep 讀音相近**，

所以華人可能**數水餃**比較科學。

最後，最重要的是——

掉髮與你的距離還有多遠？

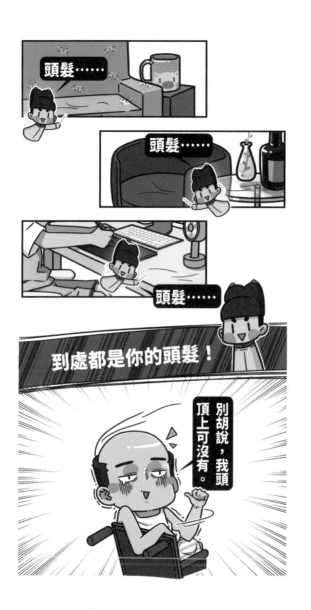

今年已經只剩一半不到，

你的頭髮還剩下多少？

看著網上潮男正妹多變的髮型，誰能不心動！

但看看家隔壁的 Tony，

和自己洗頭都要心痛半天的**髮量**，還談什麼造型！

飄落~

飄落~

顫抖~

Liliy！為什麼連你也……

不!!

張張~
就算我不在了，
你也要……活下去……

那麼，**頭髮的離去，**
究竟是洗剪吹的追求，還是頭皮的不挽留？
世人尋覓的**防禿寶典，**
究竟藏在食物還是洗髮乳裡？

今日，頭髮的離別悲鳴曲，為您奏響。

頭髮的誕生序曲

你有沒有思考過一個問題：
為什麼拔頭髮會痛，掉髮剪頭髮卻不痛？
頭髮到底**是死的還是活的？**

這是為什麼？

要說頭髮的狀態，大概可以用「半死不活」來形容。

頭髮，

以頭皮為界限分為兩部分。

肉眼可見的部分叫**毛幹**，

是由**死亡的角質化細胞**堆積而成，

沒有痛感也不消耗人體營養，也就是**「死」**的部分。

所以別再拿什麼長頭髮會消耗太多營養作為你長不高的藉口了！

肉眼看不見的部分，就是頭髮真正的產地了：

生產基地——毛囊

生產工廠——毛球

資源供應商——毛乳頭

工廠員工——毛基質幹細胞

透過它們的合作，使得細胞不停地**分裂分化，**

一層層疊堆起來，最終衝破了**表皮層，**

變成肉眼可見的頭髮。

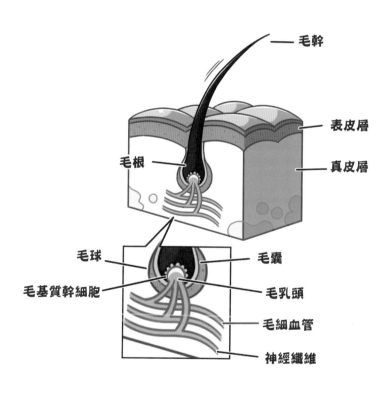

要注意的是，

頭髮工廠的發展是**有週期性的。**

2-6 年內，工廠都在快速**發展期**，

生產出的頭髮粗壯而有力。

努力久了，總想偷懶一下，工廠也就迎來了**退化期**，

大概會持續 **2-3 週**，頭髮開始變得細軟。

最終，在 **2-4 個月內**迎來**休止期**，

頭髮飄落，工廠暫時歇業進行整備，等待下一次的開張。

所以日常掉髮也是正常的。

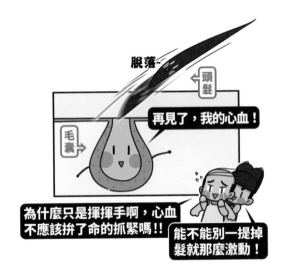

說完了頭髮生長區，

來說說洗剪吹造作的地帶：**頭髮毛幹區**。

它的構造一共有三層，

其中**外層**和**中層**大大決定了**髮質的好壞**。

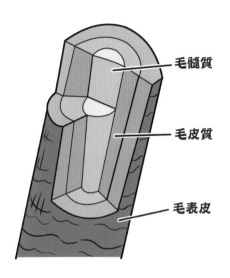

毛髓質

毛皮質

毛表皮

・外層——毛表皮（毛鱗片）・

毛表皮常被誤以為是黑色，

但它其實是**<u>透明的</u>**，為頭髮提供了光澤。

它是由鱗片狀細胞重疊排列而成，

這麼說你可能以為它很硬，

但其實**脆得要命**。

劣質梳子都能把它刮傷，

有一定的**<u>抵抗力</u>**，可以阻礙一定的燙染攻擊，

但是**遇水就自動開門**了。

・中層——毛皮質・

真正頭髮顏色的決策者，所有**染燙操作**的發生地，

可直可彎**彈性超好**，決定了**頭髮含水量**，

且手下有**氫**、**鹽**、**二硫**和**氨基**四大「鍵」員。

洗剪吹三人組 →	氫鍵 & 鹽鍵	過水斷開，高溫重組。
	二硫鍵	最堅硬的鍵，過化學藥劑斷開，斷開後還可重組。
	氨基鍵	害怕高溫。

頭髮的悲鳴離別曲

現在頭髮構造已瞭解完全，

可以開始分析脫髮那些事了。

1	- 洗 頭 -

首先，**洗頭會導致掉髮嗎？**

來回想一下，洗頭時掉髮有痛感嗎？

沒有！

那證明：

115

掉的是已經**被毛囊拋棄的頭髮**，

洗頭不過是潤滑，**幫助它掉下來**，

所以頭髮油了就洗吧，不然油要留來炒菜嗎？

即便是已經掉的我，也希望它留在頭頂啊！

一根～兩根～

其次，

洗頭是為了**清潔頭皮和頭髮上累積的髒東西**，

卻成了**洗髮乳的背鍋現場**。

洗髮乳接觸頭皮會刺激頭皮，導致脫髮；

洗髮乳沖不乾淨會脫髮；

含矽洗髮乳滾出洗髮圈。

......

人家好委屈！

洗髮乳最主要的清潔成分是**表面活性劑**，

而其特點就是**親油疏水**。

你想讓它待頭髮上，它還不肯呢！

洗髮乳有一定的刺激性，

但只要國家檢驗合格，那也是**不足以導致脫髮**。

就算你們怕，廠商也一定比你們更怕。

而至於**洗髮乳含矽**的事，
即便是含矽的洗髮乳，最主要作用也是為了**清潔頭皮**，
矽只是利用其吸附性，可以**吸附在毛鱗片空隙中**，
給毛鱗片順毛，從而減少和外界的摩擦，
保護了脆皮毛鱗片。

也是因為填補了毛鱗片，讓頭髮**更重了**，
所以會顯得**比較扁塌**，
那就是細軟塌髮質的噩夢了。

所以怎麼選，還是要看**自己的髮質**。
反正，無論怎麼選，
該禿的還是會禿！

最後，洗完頭後用**吹風機**對人有害嗎？

用對方法就不會，**風力、溫度、距離適中**，

比用毛巾瘋狂蹂躪毛鱗片，

以及在大太陽的紫外線＋高溫下曬頭皮好多了。

但是，吹風機隱藏危害還是有的。

功率那麼大，四捨五入都能**匹敵空調**了。

真的——

很花錢啊！

2	- 燙染 -

先說說**燙髮**，燙的是肉眼可見的頭髮，

也就是**「死了」的髮幹**，

主要折騰的就是毛皮質手下的二硫鍵。

先用軟化劑斷開**二硫鍵**，

然後再用定型劑＋捲棒讓二硫鍵在新的位置重新生成。

所以，對毛幹底下的毛囊沒有影響，

不會導致脫髮。

只是又斷又合的折騰，對髮質的損害還是有的。

這是理論上來說的結論。

但從實際來說，燙還是有可能脫髮，

畢竟你費時費錢以後，

你以為會有美美的卷髮效果，

結果卻是——

大大影響了身心健康發展。

這一下子萎靡不振，食欲下降甚至憂鬱，

是真的有可能脫髮的。

再來說說**染髮**，

和燙髮同理，也是作用於「死了」的毛幹上，

和**二硫鍵**有關，會造成**髮質損傷**。

染髮劑中的**對苯二胺 (PPDA)**

卻是一個容易產生**過敏反應**的化合物。

如果不湊巧，你正好對這個過敏，

那就是真的染髮傷身了。

過敏有多嚴重，回去複習一下吧。

p.66

燙染最主要，還是找對正規髮廊，

使用正規、合格的染髮劑。

對頭髮好點，畢竟錢花都花了，也不要在意花多一點。

3 　 **- 護 髮 -**

既然洗剪吹不會導致脫髮，

那脫髮、禿頭是為什麼？

▼

首先，**你真的是脫髮嗎？**

前文說了，毛囊也有休業整改期，

所以正常人每天會掉落 100 根左右的頭髮。

可以試試用手在頭皮不同部位撥頭髮，重複 5-6 次，

每次掉落 1-2 根，那估計每日掉髮少於 100 根，

如果每次都超過 3 根，那……

完蛋！

其次，導致脫髮的原因有很多，

有些是遺傳，有些需要藥物控制，

但有些是**日常生活中就可以避免的**。

例如以下幾種情況：

節食減肥

節食後，身體會自己感覺：「完了，我是不是快死了？」

從而**儲存資源、降低新陳代謝**，

把最少的資源用在最重要的地方。

很明顯，頭髮不是這樣的地方。

毛囊營養不足，

頭髮自然生長緩慢或者直接不長了。

壓力過大

壓力過大時，人體釋放的**激素失調**，

中樞神經紊亂，毛乳頭營養不良，

導致頭髮無法繼續生長，

嚴重時甚至會出現自身免疫系統誤傷毛囊的情況，

導致**斑禿**。

下手太重

頭髮綁太緊，毛囊一直是被拉扯狀態，

很容易受損，是真的會禿。

最後，網傳生髮方法真的有用嗎？

生薑、啤酒、雞蛋和醋

這不是大型料理現場，它們真的對生髮**沒有效果**。

甚至有研究顯示，

生薑中的成分**會使毛囊真皮乳頭細胞死亡**。

這簡直就是一頓操作猛如虎，頭髮沒多反而少。

哪來的飯菜香味？

聽說寫文案的又在研究洗頭大法了。

黑芝麻、何首烏

以黑補黑。

問題來了：

為什麼吃芝麻頭髮會變黑，但臉不會黑？

而吃醬油就會全身變黑？

請停止你的顏色聯想。

黑芝麻起碼還只會長胖，

何首烏就強了，即使用藥量不大且經過炮製，

口服仍然能導致不同程度的**肝損傷**，

大量食用，那可能就是白髮人送光禿子了。

生髮洗髮乳

朕也不多說，大家自己看圖理解吧！

防脫，還是有希望的。

只是——

你離治好脫髮還差這麼點距離！

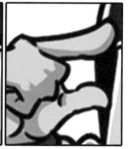

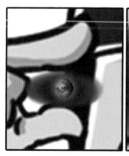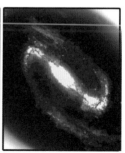

5G 基地台真的不能建？輻射有那麼可怕嗎？

輻射，

一個都聽到耳朵都**生繭**的詞，

卻在老媽以輻射為由，叫你**放下手機**時，

依舊只能說出**「這哪裡會有輻射」**的蒼白反駁。

那麼，

電子產品真的輻射傷身嗎？

5G 比 **4G** 輻射指數更高嗎？

仙人掌有防輻射效果嗎？

看完本文後，你就能有理有據**反駁「輻射論」**，

在假期爭取更多與手機相處的機會。

聽朕的，穩了！

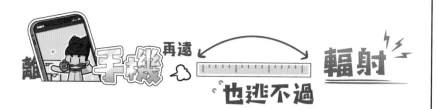

離手機再遠也逃不過 輻射

不要聽到輻射就害怕，先來看看輻射**定義**是什麼。

ㄈㄨˊ　ㄕㄜˋ

輻　射

輻射指的是由場源發出的電磁能量中一部分脫離場源向遠處傳播，而後不再返回場源的現象，能量以電磁波或粒子（如阿爾法粒子、貝塔粒子等）的型式向外擴散。自然界中的一切物體，只要溫度在絕對溫度零度（-273.15℃）以上，都以電磁波和粒子的形式不停地向外傳送熱量，這種傳送能量的方式被稱為輻射。輻射之能量從輻射源向外所有方向直線放射。物體透過輻射所放出的能量，稱為輻射能。輻射按侖琴 / 小時 (R/h) 計算。輻射有一個重要特點，就是它是「對等的」。

無論物體（氣體）溫度高低都向外輻射，甲物體可以向乙物體輻射，同時乙也可以向甲輻射。一般普遍將這個名詞用在電離輻射。輻射本身是中性詞，但某些物質的輻射可能會帶來危害。

劃重點！

自然界中一切**絕對零度**以上物體，

都‧有‧輻‧射！

而**絕對零度 = -273.15℃**。

簡而言之，

目前你**周邊所有東西都有輻射，包括你自己**。

所以，不以**量**來說，

防輻射四捨五入就等於——

我防我自己？

既然**萬物皆有輻射**，那該防的輻射是哪一種？

這就要從輻射的**分類**說起了。

輻射主要分為：

高能量的電離輻射和**低能量的非電離輻射**。

電離輻射

可以電離**有機物分子**，

使**細胞內的分子結構**被破壞，或者帶上**電荷**。

其中，受影響最大的就是人體遺傳物質——

DNA。

核輻射就是電離輻射的一種。

珍愛生命，從記住電離輻射標誌做起！

非電離輻射

沒有電解物質的能力，**能量小**，
很難對人體造成損害。

那又如何區分電離輻射和非電離輻射呢？

看波長。

波長越**短**，波的頻率越**高**，能量也就越**大**。

例如下面這張圖：

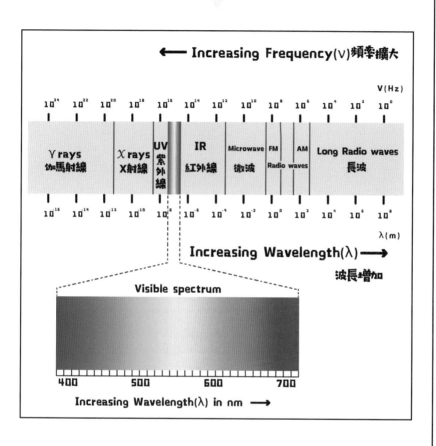

從右到左**波長變短，能量變大**。

所以在紫外線之前的，通常就是電離輻射的範圍了。

總而言之，記住一句話：

波長與能量成反比。

這些「令人害怕」的產品究竟是哪種輻射？？？

那日常生活中接觸到的**電子產品**會不會對人體產生輻射危害呢？

再看一眼，記住了嗎？那開始了。

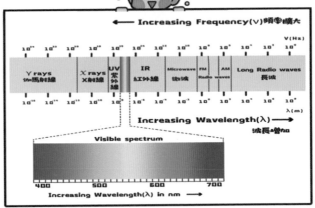

· 微波爐 ·

既然都叫微波爐了，用的當然是──

微波。

微波**波長**比可見光的還**長**，**能量小**，

自然不會使人體致癌。

當然，**把頭伸進微波爐**，

或者**抱著微波爐加熱**那種另當別論。

那麼用它加熱的食物會有致癌物質嗎？

那就得從微波爐加熱原理說起了。

微波爐的加熱，主要運用**食物中含有的水**，

水分子本來在水裡是隨便排的，

蛋是

來到了微波爐的**電場**，自然就得按電場的規矩來。

當微波爐一轉，電場也就開始轉，

水分子也跟著轉起來，

速度可高達每秒鐘 **20 多億次**。

這激烈的碰撞摩擦，自然而然就會──

生熱。

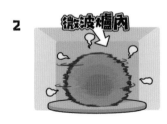

這樣子，食物也就被加熱了，

水還是那個水，不過**少了點**。

所以微波爐加熱的食物**不會致癌**，只是會——

變有點乾。

・Wi-Fi＆手機・

Wi-Fi 和手機都是**電磁波**，它們差不多都在這裡。

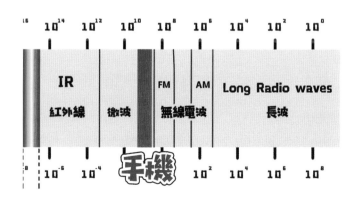

波長依舊**比可見光長**，甚至超越微波，

自然能量就**更小**。

而且根據權威機構規定，

人體接受輻射的安全值為 **1.6 W/kg**，

而 Wi-Fi 的輻射值為 **0.0057W/kg**。

看到這麼多個 0 都知道了，從輻射角度來說，

對人體傷害值**幾乎不存在**。

還是**不建議大家把 Wi-Fi 放在距離身體太近的地方**，

除了會導致熬夜以外，工作久了還會——

發燙。

·通訊基地台·

在**防輻射界**，通訊基地台說自己第二，

沒人敢說第一。

只有它**能讓全社區統一戰線，合力抗拒**。

隨著 **5G 時代**來臨，越來越多通訊基地台的建立，
更是**大大增加基地台輻射有害論**。

那**通訊基地台**是否真的有害呢？

當然有害，而且害處可大了，訊號
這麼好，想不熬夜玩手機都難！

首先，通訊基地台所產生輻射是什麼？

是空間範圍內的**電磁波輻射**。

對！就是上文出現了很多次，

連可見光都不如的那個。

而且——

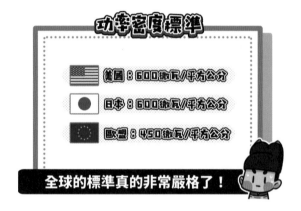

其次，5G 的輻射會比 4G 大嗎？

不會。

實際上，當距離基地台越遠時，

手機尋找信號過程中發射輻射越**大**。

道理很簡單，本來可以——

訊號滿滿

你非要——

訊號一格，距離超遠

這相當於**發射功率信號不好**，

就得**不斷嘗試**發射尋找，那輻射自然就**增強了**，

耗電量也會加速。

所以 5G 通訊基地台的建設，**反而是會使輻射變小。**

最後，離通訊基地台越近輻射越大？

輻射是水平面展開的。

所以，本身輻射值就很小，**垂直輻射就更很小了**，

所以不存在越近輻射越大的問題。

你們不要？那朕全搬去宮裡！

身邊 **真正的** **輻射**，**究竟** **有哪些**

X 光片 和 **CT** 它們都是用 **X 射線**給身體拍照。

區別在於：

X光一般拍**一張**，CT 要拍**很多張**，

而X射線是屬於**電離輻射範疇**的，

會有**一定的輻射**。

144

拍片用的**劑量並不高**，根據資料研究顯示，

當一次輻射劑量**< 100mSv**（毫希沃特）時，

基本上無害。

超過 100mSv 時，就開始對人體**產生危害**了。

當**> 2000mSv** 時，那就很有可能——

普通人每年攝取的空氣、食物等自然物中**受到的輻射約等於 0.25mSv**，

而一次 X 光檢查約等於 0.1mSv，一次 CT 掃描約等於 0.7mSv，

所以只要聽從**醫囑**，就不會有太大問題。

輻射劑量排行

彙整常見檢查，胎兒輻射暴露劑量極低的檢查包括頸椎、肢體、乳腺、胸部 X 光檢查及頭頸部中 CT，多次檢查也是安全的。

中低劑量檢查為腰腹部 X 光檢查、胸部 CT 及部份核醫學成像，擔刺檢查影響很小。

腹部、盆腔 CT 及 18F PET/CT 全身顯像輻射劑量高，單次檢查風險小，但多次進行可能有害。

機場安檢機同理也是用 **X 光**，但實際功率更小，
輻射劑量 $< 0.005\text{mSv}$，還附加金屬外殼和鉛簾。
而**遮罩安檢門**和**金屬探測器**都是**電磁感應**。
所以說地鐵安檢三件套**都很安全**。

不安全的話，誰想去做安檢員呢？

冷靜分析

那麼**超音波檢查**
和**核磁共振**呢？

超音波檢查用的**超音波**，而核磁共振用的是**電磁波**，
並不在電離輻射的範疇，是比較安全的。

少吃點就行了，不用天天過來檢查。

要說在我們身邊，

最大的輻射其實是──

香菸！

菸草中含有**放射性釙**。

雖然一支的劑量不高，但是**長期吸菸**，

釙在肺部常年累積，那麼平均下來，

菸民的肺部每年受到的輻射約是 **160mSv**，

約等於一年內照了 **160 次 X 光**了。

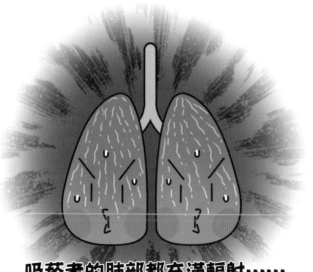

吸菸者的肺部都充滿輻射……

所以想要防輻射？**從戒菸開始吧！**

如何上出一坨完美的便便？

有人說：

從小到大，只有一個人讓你別走，

那就是你的**體育老師**。

但實際上，讓你別走的不止體育老師，

還有你的便便。

很多人對自己的便便，根本一點兒也不關心，

甚至可能會覺得噁心。

大家沒有認識到，

能**忠實反映身體健康**的便便是多麼地重要！

而能夠製造出完美的大便，

又是多麼令人驕傲的一件事情。

下面我們用評判菜餚的四個標準：形、色、香、味，來看看完美的大便是什麼樣子的！

1 - 形 -

💩 如果你的大便是這種形狀的：

噢！我的上帝！

瞧瞧這**完美的形狀**，這**恰到好處**的濕潤度，

多麼美妙的平衡，簡直是大便中的**天之驕子！**

只有身心合一，

即**身體精神都在極佳**的狀態下，

才可能可以毫不費力、一氣呵成地排出如此完美的大便。

完全可以為你的大便和自己感到驕傲。

這也很不錯了。

這是你**身為健康的正常人**的證明，

說明你擁有**較良好的作息和飲食**，

注意不要有太大壓力，

如果努力一把的話，說不定可以塑造出最佳形狀。

親！你可能有**便祕**……

如果便便太硬，

可能是因為在腸道裡**堆積了太久**，

被吸乾了水分。

不妨嘗試**多喝水、多吃點蔬菜、水果**。

如果你的便便是這種形狀的話，說明一個問題：

你怎麼不吃飯！

一般**節食**的人才會出現這種情況。

原因其實很簡單：因為吃得太少了，

導致沒有足夠的食物殘渣去形成健康「強壯」的大便。

也說明你的**營養很可能不太夠**。

這種情況還挺危險的，說明你的**腸道已經罷工**，

不再好好吸收食物，開始放飛自我了，

俗稱**「拉肚子」**！

一般來說，在日常生活中**偶然**拉肚子的話，

多注意飲食和心情，好好休息幾天就可以。

如果**頻繁**或者**經常**拉肚子的話，

說不定是什麼**腸胃病**，也要儘快就醫。

2	- 色 -

顏色，也是一項**重要指標**。

土黃色到褐(棕)色

恭喜你，大概在這個範圍內，

大便都是**正常**的。

大便之所以呈現這個顏色，
是因為原本**黃綠色**的膽汁進入消化道後，
經過一系列反應，最終和糞便混和在一起，
就會呈現**黃色**、**褐色**。
當然了，顏色在一定程度上**可以自己調**的，
多吃**碳水化合物**就會偏向於**黃色**，
多吃**蛋白質**則會偏向於**褐色**。

綠色

出現綠色的便便，說明你可能……

青菜吃多了。

但如果你沒吃什麼青菜…
那說不定身體有什麼**小毛病**，
不過通常也不用擔心，沒什麼大問題。

如果是紅色的話，先想想是不是吃了**火龍果**什麼的，

裡面的**色素**會混雜在大便裡，只要拉完就沒事了。

如果沒有吃特別的食物，

大便還是紅色的話，那就是**便血**了，

說明某些地方出了點問題，

例如：**痔瘡**啊、**腸出血**啊等等。

正常人很難出現這種情況，

如果不是某些藥物導致的話，

那就可能是你的<u>膽</u>出了什麼問題，**建議馬上去醫院**。

現代人出現黑色便便的機率不算小，
所以也不用太大驚小怪，
說不定只是吃了太多**巧克力**或者**奧利歐**什麼的。
吃太多**含鐵的食物**，例如：豬血、鴨血，
鐵元素排出時也會讓便便呈現黑色。

同樣地，
排除食物因素後便便仍然日常黑色，
說不定是有什麼潰瘍或者**腫瘤**了，
要馬上去看醫生。

普通臭

如果是臭的，

恭喜你，說明你是一個**正常人**。

在腸道裡面住著很多細菌，

細菌分解食物會有很多產物，

其中的兩種——**吲哚**和**糞臭素**，

它們就是臭味的主要來源。

而大多數情況下，**臭味是不能避免的**。

無臭

如果你的便便能接近無臭，那就厲害了，
因為想要達成這個成就**並不容易**。

首先腸道要**健康**，**有害菌叢**不能太多。
其次便便在腸道裡**停留時間不能太長**，
也就是說需要足夠的**纖維素和鍛鍊**，來保證**腸道蠕動**。
證明你有**了不起的規律作息**以及注重均衡的飲食習慣，
為你鼓掌！

雖然臭是正常的，
但如果你的便便**臭得人神共憤**，那就得注意一下了。
如果不是有什麼疾病的話，
那很可能是你**吃肉太多了**，
因為**有害細菌**最喜歡**蛋白質**，
有大量蛋白質的話，就會分解並留下大量產物，
就會特別臭！！
所以要**注意飲食均衡**，多吃蔬菜、水果。

如果你的大便有淡淡的清香，那麼……

這個**真的解釋不了**，建議去醫院讓醫生研究一下。

你可能是仙女或者仙男下凡吧！

4　　　　　　　　　　- 味 -

據說，**臥薪嚐膽**的故事裡，

勾踐正是幫吳王夫差嚐了便便的味道，

才幫助醫生**治好了**吳王，

勾踐也從此得到了吳王的信任。

……

如果你⋯⋯

閉嘴！

絕大多數人不知道便便的味道，

不過也並不是完全沒有頭緒。

按照現代科技檢驗，據說便便有**鹹**、**酸**、**苦**幾種味道：

鹹
來自於多餘的鈉、鉀離子
酸
來自於腸道細菌分泌的酸性物質
苦
來自於膽汁

如果你愛吃辣，理論上還能加上「**辣**」的味道。

不過這跟完美便便關係不大……

那你幹嘛說這個！

好了，看（撐）到這裡，我們基本已經瞭解：

一坨**完美的便便**應該是這個樣子的——

所以，一坨完美的大便應該是這樣被生產出來的：

首先，除了要有**足夠的食物**之外，

更是要**注重營養搭配**，特別是能促進腸胃蠕動的**纖維素**，

所以除了蔬菜、水果外，

還可以適當吃一點粗糧（例如：紅薯）。

前面已經講過了，

在合理範圍內，你可以自己**調整便便顏色**，

只要調節碳水化合物和蛋白質的分量就行了。

其次，要有**充足的睡眠**，

同時要**保持心情愉悅**，

因為熬夜和壓力會讓你的內分泌失調，

使得消化系統工作不順暢，

導致最後便便的形狀不夠完美。

請記住：

只有**最健康的身體**，才能拉出最完美的便便！

除了以上兩個必要的條件外，

你可能還需要一些額外幫助，例如：**高強度的運動。**

雖然大家常說「散步可以幫助消化」，

但研究顯示：**只有高強度的運動才能促進腸道蠕動。**

散步這些低強度的運動，跟不運動沒什麼差別。

當一切準備工作都完成後，你就可以坐在廁所上，

只要**輕輕一用力**──

你將會感受到**前所未有的暢快感**。

此時此刻，你的身心合一，

過去困擾你的種種煩惱，全部**煙消雲散**。

恭喜你，

一坨完美的便便就這樣誕生了！

誰說打呼是胖子的專利？

在每一個被驚醒的深夜，
總免不了有人思考這樣一個問題：

打呼！

宿舍裡的**睡眠品質殺手**，夫妻間的**關係挑撥好手**，

甚至成為現代人選擇單身的藉口理由之一。

那麼，

打呼真的是**胖子的專利**嗎？

———

為什麼自己**聽不見自己打呼**？

———

打呼有什麼**治療手段**嗎？

為了能享受一個**寧靜的夜晚**，讓我們一起探究——

暗夜魔音——打呼！

【耳朵的獨寵，只送給自己的打呼聲】

在打呼界，**最尷尬的情況**莫過於——

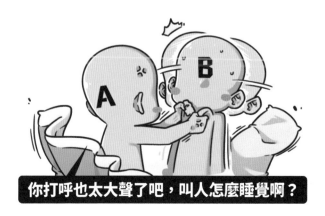

你打呼也太大聲了吧，叫人怎麼睡覺啊？

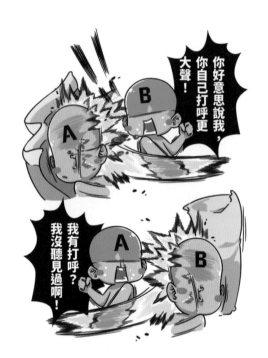

直到被拿出錄音證據前，

人類從**不輕易承認**自己打呼的事實，

甚至在**直接證據**前，

人類也會找出感冒鼻子不通、睡覺沒睡好等理由，

來表示打呼只是**特殊情況**。

那麼，為什麼人類聽不到自己的打呼聲呢？

道理其實很簡單。

累了就要睡覺，

睡覺就是讓忙了一整天的**大腦中樞神經**休息。

所以，打呼聲發是發出了，耳朵聽也是聽見了，

但當聲音變成訊號傳遞給中樞神經時，

人家在休息，**沒到達一定的限度概不處理**，

所以送不進神經中樞，人類自然就不會醒來。

被自己打呼聲喚醒的情況也是有的，

只是那時候，神經中樞**開始營業**，

你的**呼吸**以及**肌肉**也**調整過來了**，打呼行為**自然停止**。

也就是說被打呼吵醒的同時，打呼聲也停了，

於是你依舊聽不到自己打呼聲。

而且這種被吵醒的情況很輕微，過 2 秒你又睡著了，於是就會有人打呼時斷時續的感覺。

【打呼與變老變胖不得不說的那些事】

打呼這件事，常見於**老人**和**肥胖人群**中。

又是為什麼呢？

人類呼吸時，空氣需要透過**口**、**鼻**，

經過**口腔**、**鼻腔**、**咽喉**等部位，進入**氣管**。

當空氣**不能順暢通過**這些部位時，

就會導致周圍的**軟組織震動**，從而產生打呼聲。

簡單解釋，打呼＝睡覺時呼吸不順暢，複雜展開的理由就多了。

平躺著睡覺

睡覺時肌肉相對比較鬆弛，

平躺時舌頭和軟齶會自然下墜，

導致氣道入口變小，空氣在外面打轉，

震動了軟組織，便產生了打呼聲。

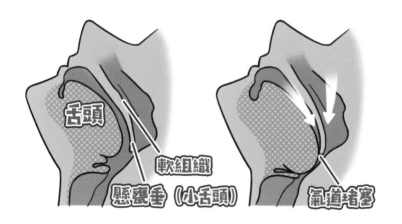

舌頭

軟組織

懸壅垂（小舌頭）

氣道堵塞

・打呼界可作為藉口的原因・

①水喝少了

鼻腔咽喉分泌物黏稠，阻礙空氣輸送。

②酒喝多了

酒精使咽喉肌肉更加鬆弛，空氣可進入縫隙更狹小。

③枕頭太高了

本來舌頭就下墜，現在還把脖子也給頂上去，

雙重擠壓下，氣管通道更窄了。

④你又熬夜了

熬夜使得睡眠更深，咽部肌肉更易鬆弛。

⑤感冒 / 過敏鼻塞

鼻腔被堵，呼吸困難，喉嚨成真空狀態，

空氣進去敲打軟組織，鼻腔、咽喉分泌物黏稠，

阻礙空氣進程。

記住，下次打呼時想要
反駁才能有理有據。

・打呼界最常見的原因・

胖

真實版「脂肪的哀嚎」！

咽喉部肌肉本身就容易鬆弛，再外加了一堆肉上去，

那不是把空氣的路堵得更死了？

你不打呼，誰打呼！

年齡

年紀大了，鬆弛的不僅是皮膚，

還有你內部的肌肉。

而且身體內部分泌機能等別的原因，

也會導致呼吸問題。

呼吸不順暢＋咽喉部鬆弛，

打呼前置條件都滿足了，那還等什麼！

而因為上呼吸道的狹窄或阻塞，

人們自然會用**口呼吸**，

這樣就會導致一個問題——

變醜！

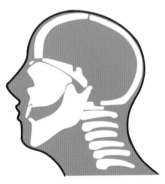

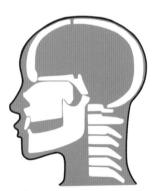

口呼吸的側臉及骨骼　　　鼻呼吸的側臉及骨骼

英國一對雙胞胎，曾因用口呼吸的問題就醫，

妹妹使用正確的口腔姿勢和吞咽方式，**挽救回了顏值**，

而姐姐卻沒能改正過來。

所以兒童家長更要注意：

用口呼吸真的會變醜的！

【打呼真的就沒救了嗎】

你問打呼該怎麼解決？

來，

重讀上面幾段，**反著做**不就好了嗎？

實在不行，**單身**可以解決所有煩惱，

反正人類又聽不見自己的打呼聲。

能不能說點有用的!?

如果你正經八百地照著上面的幾條反著做以後，

發現**依舊打呼，而且很大聲還不規律，**

甚至明明覺得晚上睡眠品質還可以，第二天**依舊非常疲倦**的話，

那就真的得注意了，這也許不是單純的打呼，

而是——

「阻塞性睡眠呼吸中止症」

簡稱「OSAHS」。

這個要慌，問題很大！

簡單來說，OSAHS 就是有可能在睡覺時

氣管堵塞，呼吸暫停，

嚴重的話可能會直接——

對，又是我，不好意思最近出場機率有點高，接下來我盡量克制一下。

出現 OSAHS **主要原因**有兩個：

一是**呼吸道有器質性病變，**

例如：**鼻瘜肉、鼻咽部腫瘤、支氣管**等問題，

需要諮詢醫生，進行相應檢查。

二是**過於肥胖**，脂肪過多，

不僅是**頸部肌肉**堆積，**舌體**也會變得更加肥大，

雙重擠壓呼吸道。

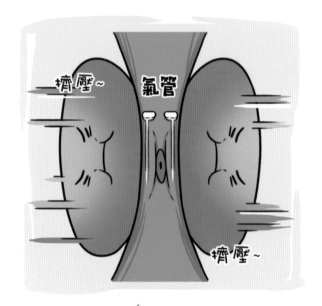

你乾脆殺了我吧！

因為肥胖導致打呼甚至**暫停呼吸**，

使得**睡眠品質低下**，從而**影響內分泌**，

白天疲倦、沒精神，

然後**加大糖分攝取**以刺激神經，

然後就變得更胖，由此形成**惡性循環**。

最後來說說市面上常見的打呼神器究竟有沒有用。

腕式止鼾器

呼吸道的問題，

怎麼靠手來解決了？

道理很簡單，它會**檢測分貝大小**，

發現打鼾了，就**電你一下**，

神經醒了，打鼾便停止了。

但是睡覺時就是神經休息時刻，反覆被電醒，

睡眠品質會變差，完全治標不治本。

耳掛式止鼾器、電子止鼾器也是同理。

止鼾噴霧

對於鼻子咽喉乾燥、導致**分泌物黏稠**的情況，

也許有點用，

但也是**短暫的濕潤效果**，

並沒有從增加上呼吸道容積的角度來解決通氣問題，

依舊是**治標不治本**。

智商-1
智商-1
智商-1

止鼾噴霧

 口腔矯治器 / 舌套

超精實物理治療。

睡覺時放嘴裡，

改正口腔問題／防止舌頭下墜，是有用的，

就是有點難受。

而且人與人個體差別太大，如果不是專門訂製的，

可能出現**合不攏嘴**流一枕頭口水的情況。

所以，嚴重打呼問題，

還是去醫院**交給專業的醫生**，

檢查後，給出**具體治療方案**，

比花這些冤枉錢好多了！

而輕微打呼問題，就透過改善日常生活習慣做起，

例如：**仰臥打呼**，

可以試試在**後背弄個球形物**，讓自己不得不側臥，

或是**每天多喝點水不熬夜**，

睡前不喝酒，

以及──

雖然坊間還有什麼**口腔肌肉鍛鍊操**，
但朕相信你們做兩次就放棄，
實在有興趣就自己上網搜尋吧！

什麼？你說你一個人，
不知道自己有沒有打呼情況？
那……

好好反省一下自己吧！

為什麼口腔潰瘍難以根治？

生活中如果有什麼比吃飯咬到舌頭更痛，

那一定是吃飯時咬到了——

口腔潰瘍！

它，總是在你過度熬夜，

工作壓力巨大，長期不吃蔬菜，

嗑了一整袋瓜子後悄然出現，

善意地提醒著你：

最近的生活方式似乎不夠健康喔！

常與**痔瘡**一起對你「上下其手」，

鞭策你重歸健康生活。

它，更是**減肥的好幫手**，
讓那些「上網發文就等於是做過了」的口頭減肥黨，
真正停下吃東西的嘴。

對不起，這玩意也許真的是「絕症」！！！

至今，醫學上仍有很多無法徹底根治的疾病，被稱為**「絕症」**，

而 99% 的人這一生都無法避免，

甚至有人月月都要承受。

口腔潰瘍，

四捨五入就是其中之一。

這麼可怕嗎？

別怕，根治不容易，但死也不容易。

那為什麼口腔潰瘍這個看起來很小的病，

很難徹底根治呢？

簡單來說就是，誘發口腔潰瘍的**病因太多了**，

至今連確切的致病病因**都仍未確認**。

複雜來說就是，**口腔**內是個**微生物聚集地**，

本來大家相處也算和諧，突然有**外敵入侵**，

還聯合內部的微生物**叛變**，裡應外合搞大事，

於是，**白血球**奉命前去殺敵。

有人的白血球是**特種兵的裝備**，一個殺十個；

有人的白血球**穿個睡衣就上陣**，被敵人幹掉。

白血球的目標是，先把細菌**圍困在圈內不擴散**，

再慢慢解決它們。

這也就是為什麼在口腔潰瘍後期會出現一個

被黃白色邊界圍住的凹型圓圈，

其中黃白色邊界就是**白血球和細菌的屍體，**

凹下去是部分**壞死組織。**

而在圈內，白血球和細菌還在**不斷戰鬥。**

很顯然，康復的快慢就在於戰鬥細胞——

白血球夠不夠**強**和**多**！

但是，為什麼會有這樣的戰鬥力區別呢？

得「絕症」的坑，你一踩一個灘

目前來說，口腔潰瘍常見誘發原因有：

遺傳

是的，你沒看錯，

口腔潰瘍**是會遺傳的**。

所以，當你總是出現口腔潰瘍的時候，

不妨問問爸媽，

說不定他們的潰瘍戰鬥史能給你一些幫助，或者**心理安慰**。

媽媽，我口腔潰瘍了怎麼辦啊？

媽媽終於等到你問這個問題了，
現在有九字真言傳授給你。

放棄吧，沒救了，等死吧！

口腔黏膜破損

也就是嘴裡**嬌弱的肉**被你用各種方式**弄傷了**,

包括但不僅限於──

吃飯**咬到**肉;

戴牙套**磨傷**;

喝熱水**燙傷**;

刷牙齒以及嗑瓜子、啃甘蔗等**劃傷**;

有了傷口加之**不好好刷牙漱口**⋯⋯

細菌趁亂攻擊就容易出現口腔潰瘍了。

情緒問題

焦慮和**壓力**兩座大山,

不僅會讓頭頂涼颼颼,更會讓**嘴裡火辣辣**,

所以不要心急,不要浮躁,

唯一值得慶祝的是，

並沒有研究顯示口腔潰瘍和缺乏**維生素**有啥具體關係，

所以起碼你可以不用狂啃蔬菜了。

而且如果吃的是比較**酸**的水果，

反而可能**誘發**或者**加重**口腔潰瘍。

不過，口腔潰瘍有**自限性**，

一般 **1-2 週**就能自己好了。

需要注意的是，如果 3 週以上不見好轉，

請立刻去看醫生，有可能是某些**癌症**的前兆。

不會死的「絕症」，真的就沒救了嗎？？？

雖說口腔潰瘍是能自己好，但也得花上一兩週的時間，那可謂是——

相・當・難・熬！

就沒有什麼特效治療方法嗎？

很簡單，哪裡痛割掉哪裡就對了。

好好說話！

沒有特效藥，這次是真的！

之前也說了，

口腔潰瘍的發病原因至今都還沒個具體說法，

所以病因都沒確認，**哪來的什麼特效藥？**

在研究了，在研究了，催什麼催，
得個口腔潰瘍又死不了。

而網路上面治療口腔潰瘍的方法，可謂是五花八門，

上到一天 **8 個奇異果**，

下到**傷口撒鹽、撒維生素 C、撒中藥**，

應有盡有。

別看方法那麼多，它們都有一個特點，

那就是——

你聽，這美妙帶有撕心裂肺的傷感音樂！

痛！！！！！！！！！！！！！！！！

對此，朕只能說：

如果不怕痛的話，一個個嘗試過去也不是不行，

畢竟個體差異那麼大，萬一對你就有用呢！

而且你一定想不到，

治療口腔潰瘍一個有效方法是──

吸菸！

因為吸菸會使得**黏膜角質化**，從而降低潰瘍的發病率，

長此以往，你就不需要擔心口腔潰瘍，

而是擔心──

口腔癌、肺癌、肝癌、食道癌和胃癌了。

所以，**治是治不好了**，

緩解疼痛的方法還是有的。

例如——

西地碘含片這類非處方藥具有一定的消炎止痛作用，

但根據醫生建議使用。

如果實在痛得不行，找醫生來一針麻醉，一切就能煙消雲散。

所以啊，為什麼要等病來了才知道補救，
就不能從根源先預防嗎？

但黃桑你不是說這個病因不明嗎？
要怎麼預防？

誘因雖然很多，但能補救一個算一個啊！
而且這些預防措施簡單且基礎，
例如——

每天確保**充分睡眠，做做運動，增強身體免疫力**。

朋友，你對簡單是不是有什麼誤解？

嚼嚼嚼～

叫你們做運動、不熬夜，跟要你們命一樣。
那就好好刷牙吧，減少口腔內細菌滋生，

以及**多看朕的書，保持心情愉悅，**

(嘻嘻嘻)

不要過度焦慮，

更不要因為得了口腔潰瘍而焦慮。

畢竟潰瘍這種東西，**越焦慮越嚴重。**

最後回答吃貨們最關心的一個問題：

得了口腔潰瘍有什麼忌口嗎？

早餐真的非吃不可嗎？

在現代快節奏生活以及**報復性熬夜**的情況下，

早上晚起 1 分鐘，快樂賽過活神仙。

為此，現代人不惜放棄早餐，只求與床再多待一會兒。

但——

不吃早餐節省出來 10 分鐘，再睡一會兒，不會遲到的，穩！

還不起床，早餐還沒吃，你會遲到的！

朕不吃了。

不吃早餐會變肥變笨還會得胃病，四捨五入就是慢性自殺，你本來就又肥又醜還沒對象，居然還敢不吃早餐？怕是想單身啃老一輩子！

朕……真的是親生的嗎？

那麼，不吃早餐

真的會**變傻、變胖**，

還等於**慢性自殺**嗎？

一年 365 天，在早餐王道面前，

睡懶覺就不配存活嗎？

 傳聞①

膽汁在膽囊裡儲存了一整晚，
如果早上不吃東西刺激膽汁排除，
那就會導致膽汁沉澱，產生**膽結石**。

看起來很有道理的樣子。

No~ No~

讓朕來給你分析分析。

首先
膽汁是什麼？

膽汁是<u>由肝細胞 24 小時不間斷持續分泌的產物</u>，

主要作用是**促進脂肪的消化和吸收**。

在沒有進食時多看朕的書，膽汁在膽囊中**儲存著備用**。

當進食後，膽囊就會**收縮，將膽汁排除**。

所以，**當肚子裡沒有東西需要消化時，**

膽汁都乖乖待膽囊裡，

例如：早餐的分量消化完了，

不好好吃午餐以及晚餐，

也同樣會造成膽汁的堆積。

其實，跟下面這些原因比起來，

光是不吃早餐就能患膽結石的機率，實在是低太多了。

膽結石原因：

先天因素、細菌感染、寄生蟲感染、超重、肥胖、急速減肥、代謝綜合症候群、糖尿病和胰島素阻抗。

不僅如此，讓我們回想一下，

華人對早餐追求的是什麼？

——簡單而清淡。

而膽汁的作用是什麼？

——促進脂肪消化分解。

這證明，如果真想把存了一晚膽汁都排出，

早餐的搭配應該是——

紅燒肉 + 大豬蹄膀 + 一口油湯

不吃早餐，**胃酸**沒事幹，

閒著無聊就會來**拆自家塔——**

損傷胃黏膜。

雖然**胃黏膜**聽起來是**一層膜**，但實際上有**三層**，

包括上皮、固有層及黏膜肌層。

不僅如此，

其上皮層頂部細胞膜和相鄰細胞還聯手構成了**超強屏障**：

黏液 - 碳酸氫鹽屏障。

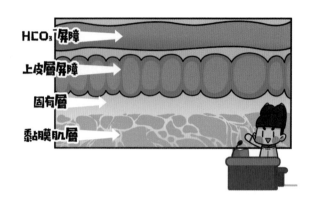

HCO₃⁻屏障
上皮層屏障
固有層
黏膜肌層

這個屏障就很厲害了，呈**弱鹼性**，
可以防止胃腔內的 H+ 侵入胃黏膜，
簡而言之，就是**有效防止酸性物質**，
特別是**胃酸**，損傷**胃黏膜**。

雖然不吃早餐**低血糖的情況下會引起胃酸分泌**，

並不足以破壞這層屏障，
畢竟，**胃也在不停地產生合成新的細胞**，

所以，引起破壞屏障的主要原因還是**酒精及一些藥物作用**，
而非不吃早餐。

問題來了：

吃了早餐也沒見你變聰明點啊？

話雖如此，
但變笨這個說法，**倒也不能說是全錯。**
畢竟經過一夜的睡眠，
身體的**醣類**消耗得差不多了，**血糖值**降得很**低**。

因為大腦身為**人體指揮官**，
不僅自己從不儲存備用食物，還很挑食，

對吃的要求很高，

在一堆營養物質裡就愛挑——**葡萄糖**。

這個問題不需要商量，都聽我的！

當血糖值過**低**，**零庫存**的大腦沒東西吃，

這時腦海裡只剩下唯一一個字：**餓！**

它沒精力思考別的，興奮值降低，

導致人的**反應變得遲鈍，注意力不能集中**，

就會產生一種**變笨**的感覺。

給我葡萄糖！

所以不吃早餐**也許會變笨一時，**
但並不會笨一世。

如果發現自己老是做蠢事，

與其怪早餐，不如反思一下

自己是不是真的笨！

傳聞③

有人為了減肥不吃早餐，發現自己反而**變胖了**。

一項由 **14000 名**青少年參與的長達 3 年的研究顯示：

不吃早餐的都胖了。

那不吃早餐真的會變胖嗎？
我身邊怎麼有人變瘦了？

先來說說這項長達 3 年、有 14000 名參與者的研究。

時間長＋人數多，並不等於結果準確。

整個實驗控制的只有早餐，

要被監測者一半吃早餐一半不吃，

並沒有控制被監測者一日三餐的攝取量等其他變數，

讓他們自由發揮。

然後得出「不吃早餐＝容易胖」的結論。

這樣的研究只能算是**幫助想勸你吃早餐的人，**

提供一個看起來很合理的理由而已。

> **根據科學研究顯示，每過去 1 分鐘，每個人的生命就減少了 60 秒，在地球上喝過水的生物，最終都會面臨死亡。**

其實，不吃早餐變胖的原因大家**心裡都有數**，

只是不想承認而已。

早餐是沒吃，

中午正餐吃——

炸雞、可樂、薯條、烤肉串、烤雞、巧克力、洋芋片、棉花糖

晚上正餐吃——

火鍋、宵夜、炸豆腐、炸雞、麻辣燙、披薩、洋蔥圈

說著去運動，

結果跑了200公尺遇見小吃攤就挪不動腿的是誰？

自己就不能勇敢點面對事實嗎？

喔，對了，還有新的研究顯示：

8 點吃早餐，**14 點**吃晚餐，

是**最佳減肥吃飯時間**。

朕說新聞

【震驚！】研究得出減肥中最佳吃飯時間：
8點吃早餐，14點吃晚餐，你做得到嗎？

都是真實的喔！

你們忘了，**清朝皇帝**就是**兩餐制**，

而且正巧就是 8 點前早餐，14 點前晚餐。

那他們是什麼樣子呢？

 此處分隔線

最後，談論了這麼久吃不吃早餐的問題，

有誰能準確回答一下——

早餐究竟是什麼概念？

是起床後的第一頓飯，

還是早上某一時段內用的餐？

我懷疑你們在為難我，並且有證據！

同理有人上日班，有人上夜班，

不可能讓日班的人非要挨餓到下午再吃第一頓，

同樣地，也不可能讓夜班的人非要早起吃了第一頓再去睡覺。

那難道上夜班的人就一定身體差嗎？

好的，朕辭職了，夜晚不看診。

所以比起吃或者不吃，

用餐的規律性才更重要？

舉個栗子

把身體器官當作是**上班族**，
本來是按**朝九晚五**地規律上班，也不會出什麼大事。
如果你吃早餐不規律，
器官跟著不規律，
一會兒得早起上班，一會兒又得晚加班，
久而久之也**有脾氣**，
集體罷工不做了！

痛！

心　肝

路人

腎　肺

知道了？可惜，晚了。

而對於**小朋友**來說，最好還是養成吃早餐的習慣，

畢竟要長大得多吃點，還能有助於**督促父母**，

讓他們早睡早起，不要偷懶摸魚。

而**成年人**，

如果你有吃早餐的習慣，那就請**規律地保持**下去。

如果你吃了早餐不舒服，也**不必強迫**自己非吃早餐不可。

畢竟強摘的瓜不甜。

不喜歡還非要吃，很容易有**一頓沒一頓的**，

身體更受不了。

所以說啊，不吃早餐的最大影響還是……

影響我們賺錢！

「鬼壓床」是怎麼回事？

不知道大家有沒有經歷過一種場景：
當你睡覺睡到一半時，**突然意識到自己已經醒了**，
但你發現，無論怎麼用力，
身體根本都不受控制，也發不出任何聲音，
只能躺在床上**一動也不動**。

好難受，朕明明醒了，怎麼身體動不了？

這時候你往往感覺**夢境和現實交織，呼吸困難**，
似乎還有一個黑影壓在身上。
這種神祕現象，被我們稱為 **「鬼壓床」**。

鬼壓床到底是什麼？

怎樣才能逃離鬼壓床？

鬼壓床如果不掙扎會發生什麼？

所以，今天朕就要來說說：

那些關於「鬼壓床」的小知識。

「鬼壓床」到底是什麼？

相信不少人在小時候都聽說過一種論點：

碰到鬼壓床就代表**你白天撞邪了**，需要趕緊**去收一下驚**。

媽，這是啥？

這是你奶奶去寺廟裡給你求的符，燒成灰和水一起喝下去就沒事了。

......

其實，在現代醫學上，「鬼壓床」有專用名詞，

叫作**「睡眠麻痺」**，也叫做睡癱症。

眾所皆知，

人體行為的一舉一動都會受到**大腦**的**操控**和**指揮**。

當人進入睡眠狀態時，

為了**避免夢境中人體的運動會直接回饋到現實中，**

在大腦腦幹中有一群**特殊的部位**，

專門負責**隔斷大腦和軀幹之間的聯繫**，

達到**抑制肌肉運動**的效果。

打個簡單的比喻：

我們可以把人體看做**一台電腦**，

當人體進入睡眠模式時，

那個特殊部位就會直接**拔掉你的滑鼠**，

這樣即使電腦不小心被啟動，

也會因為滑鼠沒接上而**無法操控電腦**，

從而達到保護的效果。

但有人可能會覺得了——

這種機制為什麼要讓人無法操縱自己的身體？對身體失去操控不是壞事嗎？

答案當然是為了**安全！**

和鬼壓床相反的現象也非常出名，它叫作**夢遊**。
當神經細胞沒有正常運作時，就會導致你**明明處於睡眠狀態，
現實中的身體卻在手舞足蹈**，甚至出現夢遊。

相信大家都知道，夢遊是一件**非常危險**的事情，
有可能會讓自己受傷，也有可能無意識地攻擊別人。

所以，睡眠麻痺正是一種人體**先天的保護機制**。

怎樣才能 逃離 「鬼壓床」?

在談論這個問題之前，我們先要明白一件事情：

一般人在睡覺時，**都會出現**睡眠麻痺的現象。

正常人在受到外界干擾時，

例如：鬧鐘、雞毛撢子、惡意驚嚇等等，

都會**瞬間被驚醒，重新掌握身體肌肉運動。**

你下午還要工作。

腦 鐘

但卻有那麼一小部分人，在碰到鬼壓床時非常難以逃脫，

甚至會出現各種**幻聽**、**幻覺**，

即使醒來以後也會**全身出汗**、**極度疲憊**。

至於為什麼會出現這種情況，有人認為**受精神壓力影響**，

有人認為是睡前大腦**受到刺激過多**，或者**熬夜太嚴重**。

但總體而言，
無論是任何環境還是任何睡覺姿勢，
你**都有可能**碰到鬼壓床。
所以逃離鬼壓床的最重要一點，就是**放鬆**。

一般碰到鬼壓床時，都是**夢境現實混和**的狀態，
你以為你看到的是現實，其實還是以夢境為主，
所以才會看到黑影和出現幻聽。

鬼壓床本質上，就是**睡眠麻痺的延遲太久**，
意識已經甦醒，肉體卻還沒有跟上而已。

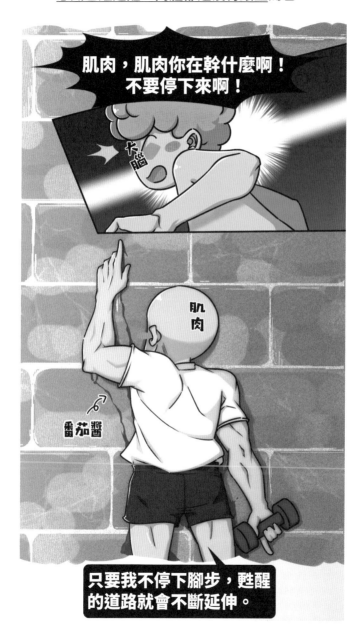

所以，這時候我們就要放鬆精神，

從**手指、舌頭、腳趾**等小部位開始控制，

動作幅度**從小到大**不斷變化，**逐步**掌控回自己身體。

整個操控肢體過程往往異常艱難，

就如同真正的「癱瘓」一樣，

但即使失敗了也沒關係，繼續睡眠**等待肢體自動喚醒**即可。

那朕就不動了，等死吧！

「鬼壓床」如果不掙扎會發生什麼？

有些人在看到上面那段文字時，可能會非常擔心：

黃桑，你說繼續睡過去等身體自己醒來，那萬一醒不來了怎麼辦啊？

就是說啊。

粉絲

粉絲

別急！

先說結論：

鬼壓床即使不掙扎，繼續睡下去，

也根本不會發生任何事。

其實在「睡癱」這件事情上，

對於一個身體健康的正常人而言，

並不是那麼容易出現的。

有些嘗試過成功掙扎鬼壓床的人，

都以為自己至少經歷了十幾分鐘的搏鬥。

但實際上，從意識到鬼壓床到喚醒身體，

只是**短短的一瞬間**。

就像做棒式，才做了十多秒就問有沒有 1 分鐘的大有人在。

至於像那些什麼**夢中窒息**、**夢中呼吸困難**等，

這和鬼壓床是沒有任何關聯的，可能是你的**呼吸道出了問題**。

你們不要什麼事情都要賴給我們，我們也很難做鬼的。

當然，如果鬼壓床出現的頻率**非常頻繁**，那麼建議儘快就醫，

看看是否最近的**精神狀態出問題了**！

總之，只要**保持心情放鬆、舒暢、按時作息，**

睡前不要看太多影片、小說等，

就能減少鬼壓床的頻率。

簡單來說，就是晚上不要熬夜玩手機。

說了這麼多，最後，

人體總是有著很多**神祕的現象**，不一定能一一得到解答。

但在鬼壓床這件事情上，

如果你看完這篇文章還是沒能解決自己的問題，

那麼朕建議你──

檢查一下是不是被子蓋太厚了！

關於「裸睡」，你所不知道的是……

說真的，每天下班、下課後，回到家第一時間就是：

脫衣服、躺床上、玩手機、睡覺覺！

軟綿綿又舒適的被窩，信號滿格的 Wi-Fi，

能隨意翻滾旋轉跳躍的飯後時光，都讓人沉迷到**無法自拔**。

但每到這個時候，卻有一群神祕的少男少女，

他們悄悄拉上窗簾，脫光全身衣服，

鑽進被窩，然後開始了——

讓無數看熱鬧的鄉民發出驚嘆：

喜歡裸睡的人，難道真的不是**變態**嗎？！！

不，朕今天就要來告訴你們，

其實你們根本不瞭解，裸睡真的——

超舒服的！！

誰說裸睡就是變態？

回歸自然又是誰說的屁話？

胖子裸睡就是在傷人眼睛？

你們知不知道，

在忙碌勞累了一天之後，裸睡的感覺到底有多舒服嗎？

沒經歷過一次裸睡解放身心的人，都不知道，

在夏天的漫漫長夜裡，**睡衣**簡直就是一道催命符，

23 度？太冷！24 度？太熱！

更不用說穿著衣服，

越睡越熱，還要半夜爬起來調低空調的溫度。

人體是靠什麼來**散熱**的？

皮膚。

那我們睡衣**隔檔**著的又是什麼？

也是皮膚。

白天在外面穿衣服要被緊緊束縛，

晚上回到家，

還要被睡衣打亂影響我們入睡後皮膚**自然降熱**的過程。

而且如果因為穿睡衣影響人體自然降溫，導致沒睡好，

人體體內的**皮質醇激素**就會上升。

這使得我們第二天醒來後——

也就是說，你之所以會**變胖**，

有一部分原因肯定是因為**沒有裸睡**！

裸睡的屁屁乾爽透氣 每一晚

Interview 2

白天，大家都穿得光鮮亮麗，

但有多少人在睡覺前必須做的第一件事，

是全身脫光光！！

I SEE YOU~

特別是對部份女生來說，

空調可以不開，內褲必須脫掉！

說真的，沒有仔細瞭解過內褲上**細菌**的人，
永遠都不會知道那個薄薄的小三角褲到底有多可怕！

因為神奇的人體**汗腺**分布機制，
人體私處部位分布著大量的**大汗腺**。
平時的衣服就已經夠厚了，
整晚還要裹在被子裡，加上內褲的隔檔，

睡個覺像躺在火爐裡一樣！

而被窩裡襠下的日常，

就像塞了一個 38˚C 的暖氣加濕器，

往往都是**潮濕 + 悶熱**，又悶又難受。

男生可以試想一下蛋蛋出汗的情形。

這種悶熱、潮濕的環境，對於外部**細菌**來說，

簡直就是個**天然的成長樂園**。

但裸睡就能很好地解決這個問題，

能讓下面**通風**、**乾爽又透氣**，減少細菌滋生的機率。

這也是為什麼一般都建議大家穿**寬鬆的棉內褲**，

就是能讓下體更**乾爽透氣**！

Interview 3
裸睡改善皮膚瞭解一下

如果你在街上隨便抓一個人，問他「裸睡究竟有什麼好處」，

大概除了能回答**提高睡眠品質**外，

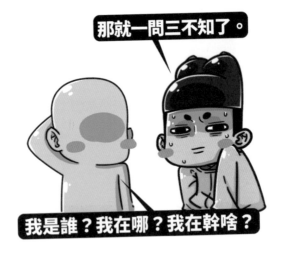

沒經歷過**痘痘**、**暗瘡**煩惱的人，可能都不知道，

在普通人的皮膚裡每天都會分泌出大量的雜質。

特別是在夏天，**炎熱＋衣服不透氣**，

毛孔裡的髒東西沒辦法及時排出去，

簡直就是一道催命符。

試問，誰又不想在喜歡的人面前
都是**皮膚光滑細白、吹彈可破**呢？

你們可以回想一下，有沒有經歷過一覺睡醒起來，
衣服老是會出現一股**酸臭味**，臉上飆還了幾顆**痘痘**？

晚上睡覺如果穿的衣服太緊，就會導致**皮脂分泌不暢**，
汗液蒸發也變慢，導致**細菌**更加容易**入侵毛孔**。

然而，裸睡就能使身體在睡眠過程中順利**分泌髒東西**，

促進**皮膚更快進行局部排泄**。

> 但說到底，被子是布做的，衣服也是布做的，蓋著被子裸睡和穿衣服睡又有什麼區別？

除此之外，讓皮膚處於**舒爽的環境**中，

也能提升**全身機體功能和免疫能力**。

難怪總有人說，嘗試裸睡後起來就變好看了。

還真的不是謊言呢！

> 你們看裸睡又能減肥，又能防止細菌，又能讓人變好看，你們真的錯怪裸睡了。

> 這就是你裸奔的理由？

> 阿 sir 我真的只是夢遊啊！

以上，就是朕根據周圍人採訪所得出來的結論。

別看裸睡好像有點**彆扭**、**奇怪**，實際上真的有很多**好處**。

但要注意，如果你睡覺的環境是——

被子從來不洗，又髒又亂又差，黑到發硬變臭，

你這被子多久沒洗了？

3 個月？

3 年。

或者說是在外地旅館過夜，還有蚊蟲很多的情況下，

那麼就建議還是別裸睡，安全起見。

內褲和襪子哪個比較髒？

在日常生活中，如何利用三步輕鬆叫醒你正在賴床的女朋友？

第一步
打開洗衣機

第二步
加入臭襪子以及內褲

第三步

親愛的，我把你內褲一起放進洗衣機了喔！

然後，恭喜你，

將獲得一個**無比清醒且憤怒**的女朋友。

給你來一套**暴打式全身按摩服務**。

問題來了，
都是**身體器官**，怎麼還有**高低貴賤之分**了？

是內褲鑲了金？還是**男生的衣物**不夠貴？
雙腳天天帶你去買**奶茶**、**雪糕**、**蛋糕**、**可樂**、**宵夜**的時候，
你怎麼不嫌棄它？
為什麼一洗起來就要開始分家了？
難道襪子真的只能低內褲一等？

內褲和襪子比，究竟誰更髒？

大部分人介意內褲和襪子一起洗，主要原因就是：

腳臭＝襪子髒，

而內褲接觸的是**私密部位**，應該乾淨得多。

那麼你有沒有想過，**泡澡／游泳／跑溫泉**的時候，

你的私密部位和腳都在**同一個池子**呢！

其實，人體皮膚**表面**本來就是個**細菌聚集部落**，
而腳上的細菌**並沒有**比身體上其他地方要多，
腳上真正多的主要是**汗腺**。
汗腺正是**產生臭味**的始作俑者，
汗液中除**水和鹽分**外，還有**乳酸及尿素**。

身為**工具人**的腳常年**悶在鞋裡**，不見天日，
還要拚命工作，自然出了很多汗。
營造了**微生物**最愛的**潮濕、暗黑的環境**，
讓它們大量**繁殖**並分解角質蛋白，
再加點自帶的尿素、乳酸混和攪拌……

老化角質

汗液
水分／鹽分
乳酸／尿素

真菌

恭喜，一雙新鮮的臭襪子作好了。

蛋是

這並不代表這些細菌有害，畢竟我們也說了，
腳部與身體其他部位的細菌**類型差不多**，
互相**串串門**也沒什麼大礙。

不僅如此，腳部細菌很**自閉**，

常年集中在**腳趾縫**這種地方，

隨便跑別的地方去，很有可能見光死。

科學研究調查顯示：

不管你有沒有**拉肚子**在褲子上，

一條內褲在穿著一天之後，平均會帶有 **0.1g 的糞便**。

別看只有 0.1g，

它卻可能帶來 **A 肝病毒、大腸桿菌、輪狀病毒、沙門氏菌**等。

而且除糞便外，

內褲還可能帶有**尿液、白帶、月經**等排泄物。

所以說，內褲和襪子一起洗，

被弄髒的明明是**襪子！**

當然，以上說的都是**普通人**的情況。

蛋是

如果你有**腳氣**的話，

一隻腳就承載了**萬千真菌的夢**。

真菌不同於細菌，被消滅難度高達**五顆星**，

傳染難度卻低至**一顆星**。

帶有真菌的襪子和內褲一起洗，

更容易**交叉感染**導致**股癬**或者**體癬**等。

還是自己手洗吧！

如果你是個**單身**，洗內褲對你來說真的很方便，

畢竟都是自己的，

若沒腳氣，免疫力也沒啥毛病的話，

那全丟進洗衣機，可以**完美一套帶走**。

如果你不是單身，依前面所說，

男女的一起洗，不就**更容易交叉感染了**！

要一起洗，除非雙方出示**全身體檢診斷書**。

聽到沒有，你內褲髒死了。

等等，論內褲髒這方面，還是女的贏了。

別急著打朕
這一切都是**生理上的不同**。

女性的尿道和男性**尿道**不同，
女性的**短而寬**，男性的**長而窄**。

這就導致——

同樣是上小號，男性甩甩就好，
如果你是狼人，選擇擰乾也可以，
即便有殘留，也是一個**小點**。
而女性在辛辛苦苦用了衛生紙後，
還有可能**殘留一塊區域沒清理到**。

我非常肯定你偷看過我上廁所！

而且，男性的陰莖露在外面，
平時認真搓搓洗乾淨就好。

女性的陰道卻是凹陷的，清洗確實也是不太方便。
於是就得靠陰道的**自我淨化功能**，
而這個淨化後產物就是**白帶**！
有白帶不是問題，
問題是它**沒有固定的上班打卡時間點**。
這就導致一個不經意之間，
它可能就已經出現在你的內褲上面了。

這一對比，你知道我有多好了吧，來之前還打招呼。

大姨媽

……幫我問候你全家。

除了白帶，**大姨媽**也是汙染內褲一大元凶，它們肆意毆打女性子宮的同時，還不安分的待在衛生護墊上，**常常鬧出側漏、量大等麻煩**，讓內褲一次次遭受**血光之災**。

咦，還說我髒，你才髒兮兮！

男

別急，你也脫不了關係。

有對象的女性請注意：
如果你的伴侶不注意衛生，**透過性行為**，
男性也有可能把細菌帶進女性體內，
導致女性患上各類**婦科疾病**。
這時純潔的白帶就會變成**五彩斑斕的**。
所以——

259

單身的**自己洗**，

有伴侶的**讓伴侶洗**。

可以一起洗的情況

①

單身

這個就不多說了。

②

氣候夠乾燥

梅雨天時就別混著洗了，

等到長達 10 個月的**酷暑**來時，就可以一起洗了。

當然如果你有**烘乾機**的話，

想什麼時候一起洗都可以。

③

免疫力正常

作為人體守護者，在同樣環境下，

如果免疫力低，

人體被感染的機率會大大提升，

所以為了健康著想，就用**手洗**吧。

當然有錢的話，

為內褲買個專門的**洗衣機**，

也不是不可以。

不可以一起洗的情況

①

有腳氣

這真的不行！

②

有對象

除非雙方拿出**全身體檢診斷書**，

各項顯示正常，且各自注重自身衛生，

否則，

還是讓他自己洗後
再幫你洗吧。

③

有孩子

小孩子**免疫力**比成年人**低**，

你就不要拿你的內褲去禍害小孩子了。

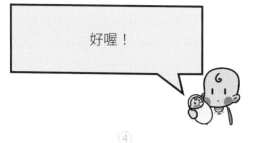

好喔!

④

公用洗衣機

……

這要膽子很大才會去洗,

就好像放心大膽地的去**喝一杯**

幾個月沒換過水的泳池水一樣。

⑤

身體出現各種不適情況

生理期、肛腸疾病(例如:痔瘡 / 腹瀉),

皮膚突然**掉皮、瘙癢、分泌異常**……

如果出現這些問題,那還是**自己動手**洗。

記得也要去看醫生。

有「痔」青年如何養成？

當你看到總是躺著休息的朋友開始**坐立不安**、**不時走動**，

每次坐下都**放慢速度**，且伴有一絲**嘆息**，

從**廁所**回來總是愁容滿面，甚至開始找妹子**借護墊**，

那不用懷疑他一定是得了**痔瘡！**

痔瘡，本是中年人**心中說不出的痛**，

現在卻成了年輕人**拔不掉的刺**。

那麼——

痔瘡究竟是如何出現的？

又該如何預防和治療呢？

站好別坐著，保護好你的菊花，小菊花媽媽課堂開課了。

HI~

有「痔」青年① 從何 WH? WH? WH? 而來？

要瞭解痔瘡，那就得先從它的**誕生**說起。

肛門，人體最下面，也是最重要的一扇門，

承載了人類的**顏面與尊嚴**，**自信與自由**。

同時也因在最下面，

在**人體血液循環和地心引力**雙重環境壓力下，

承載**非同尋常**的**重量**。

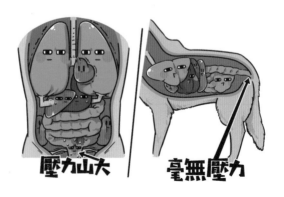

壓力山大 ｜ 毫無壓力

在肛門這兒，有個負責通行開關的人員，名叫**肛墊**。

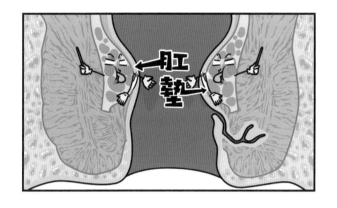

每當便意襲來，人在廁所就位後，

肛墊會收到資訊立刻**收縮**，以便屎的暢快通行。

而在平時肛墊都是**膨脹的**，誰都別想輕易出來。

本來大家這麼相處著，

肛門雖然壓力大是大了點，也還算能罩得住。

 蛋是

人類秉承著**生命不止、作死不息**的態度，
一步步讓肛門的生存環境**日益惡化**。
現代上班族每天屁股就彷彿**黏在凳子上**，
不憋到尿急，屁股絕不挪開一寸，
這樣會導致**靜脈血液流動受阻，血液淤積**，
你的肛墊慢慢開始有了**充血的跡象**。

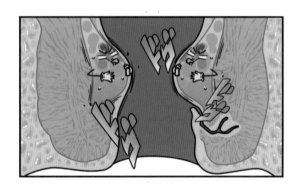

而每天能讓你走起來活動兩步的，就是去廁所，
去到廁所，你又想起了——

假設你每天要花 10 分鐘大便，一年下來，
你就會有 40 個小時的帶薪大便時間，相當於 5 天年假。

這樣一來，3 分鐘能搞定的事，硬是拖到了 **15 分鐘**。

這一蹲增加**腹腔**的壓力，

最終承受者，沒錯，又是底層的**肛墊**。

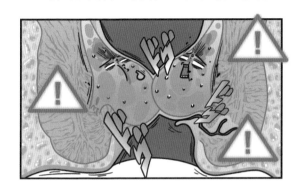

而這樣的你，不僅懶，還愛**熬夜**，

飲食可能還**不規律**，以至於經常便祕，

讓一坨曾經柔軟的屎，變得比鋼筋還要**硬**。

不僅如此還要**強行**打開大門，

配合幾聲**低沉怒吼**和滿頭努力的**汗水**，

硬生生的拉出來！

終於，不堪折磨的肛墊最終——

徹底黑化！

在下一次蹲坑時，露出頭，來對你說一聲：

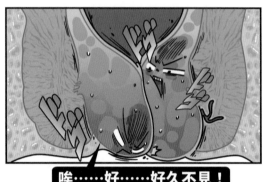

唉……好……好久不見！

請對照下圖，自行認領吧！

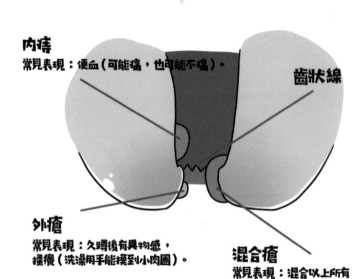

內痔
常見表現：便血（可能痛，也可能不痛）。

齒狀線

外瘡
常見表現：久蹲後有異物感，
搔癢（洗澡用手能摸到小肉團）。

混合瘡
常見表現：混合以上所有
缺點的絕世大魔王。

痔瘡得都得了，還能怎麼辦？當然是——

割掉它啊！

抓住　　　　剁手

別急！

也不是都要割的，還是得**分情況**。

痔瘡階段	表現
第一階段	輕微便血，痔瘡待在原位。
第二階段	痔瘡偶爾跑出去，但還能自行回收。
第三階段	痔瘡跑出去，需要手動回收。
第四階段	痔瘡用手都塞不回去，且伴有大出血甚至痛到哀號。

如果是**第四種**，那還是**割以永治**吧！

你說什麼？怕痛？

年輕人，為生在現代而慶幸吧！

人類打從學會**直立行走**後，就與痔瘡結下了不解之緣。

多虧祖先們透過**幾千年**與痔鬥爭，才有了你現在的安逸。

▼

早在**西元前 460 年**，

古希臘醫學家就提出了**「結紮療法」**——

用粗羊毛把痔瘡紮起來，讓它自然壞死脫落。

到了**中世紀**就更刺激了，在**沒有麻醉**的情況下，

直接上**燒熱的鐵板**放在痔瘡上，讓它被**「燙死」**。

而**我國古代**，也早有鬥痔大法，名叫**舔痔**！

具體操作類似於現代的：

「給你 10 萬讓你吃一口屎你吃不吃」，

大家自行腦補，朕就不多說了，總之獎勵是**很豐富**的就是了。

秦王有病召醫，破癰潰痤者得車一乘，舐

痔者得車五乘，所治癒下，得車越多。

——《莊子集釋》

這是溫和派（有錢人）的作法。

玩法比較高級的則是取出**狗膀胱**，

用一根**空心管**塞進人肛門，再往裡面**吹氣**，

等膀胱膨脹後，將它**往外拖**，痔瘡就出現了，

之後**割掉抹點藥**就行了。

重點在於，有時候拖出來的不止是痔瘡，

還有可能是你的**肛門**。

於是就得把你**倒吊**起來，利用**地心引力**，

讓肛門**回到**它該待的地方。

如果還是不行，就利用**熱脹冷縮原理**，

往菊部來一盆冷水……

具體能不能收回去——

現代人長痔瘡，

輕微的用藥物治療，

嚴重到需要手術，起碼還有**麻醉藥**。

雖然前期檢查和後期恢復是有那麼點痛，

但每當痛時，回來看看這篇，

朕相信你一定會有所好轉。

為什麼我覺得更痛了！

別等到痔瘡都來敲門了，你才開始後悔。

從現在開始，沒錯說的就是那個坐著的你——

還坐著！給我站起來，接下來我要教提肛了！

提肛運動！

現代青年必備的知識點，
更是**嗜辣如命**的人的絕對考點。
雖然吃辣不一定會痔瘡，

蛋是

得痔瘡**了一定不能吃辣**，否則每次拉屎，
都會是一場大汗淋漓的生死搏鬥！

喂，110 嗎，有人虐菊！

千萬別小看**提肛運動**，
很多人在提肛時，不小心就提成了**臀**。

你要注意，緊繃收縮的不是臀部，

而是你的——**菊部！**

清空你的一切思緒，把注意力集中在菊部綻放、收縮。

如果還是不能深刻體會，**請朗讀並背誦全文。**

畢竟古話說得好，讀書百遍，其義自見。

哦，對了！這個動作不僅對菊部友好，

聽說對**「某功能」**也有幫助，大家共勉！

再輕一點。

菊花也是花，

有著它的**褶皺和紋路**，也需要呵護，

別拿著紙巾就是一頓**瘋狂亂擦**，讓花兒再度受傷，
請有耐心的**仔細**擦拭。
建議左手擦完，用右手再重複一次，
以求**面面俱到**。
有條件的話，水沖自然是最好的。

在智慧馬桶沒有普及的情況下，這個條件比較苛刻，
建議可以嘗試使用濕式衛生紙，
打開人生的一片新天地！

最後，人類還是應該感恩痔瘡，
畢竟是它教會了我們——

放棄該放棄的

有的東西，實在拉不出別強求。

專心只做一件事

拉屎就拉屎，你帶手機是什麼意思？

運動給你自由

今天，你提肛了嗎？

飲食才是王道

看著滿街的肛腸醫院，還無辣不歡嗎？

它的每次出現，都是對人類的一次**警醒**，

所以，現在關掉 Wi-Fi，

安心拉屎吧！

你以為不帶手機小說他們在廁所就沒事做了嗎？沐浴乳、洗髮乳、牙膏、漱口水、洗面乳……成分表你信不信他們上個廁所回來都能倒背給你們聽！

如何精準地打蚊子？

你忙碌了一天，安靜地睡在床上，

你已經很累了，於是你決定好好地**睡上一覺**。

當你準備美美地進入夢鄉時，

突然！

耳邊傳來煩人卻熟悉的**嗡嗡聲**，

頓時你的睡意消散了大半。

你凝神去聽，嗡嗡聲卻**消失**了。

你好不容易又醞釀出一點睡意，
嗡嗡聲又**忽遠忽近**地出現在你耳邊響起。
你生氣地把被子**蓋在頭上**，

但是這樣太悶、太熱，
你很快又被迫鑽出來。
於是乎，那嗡嗡聲又**重新**在你耳邊**響起**。

你決定無視，打算直接入睡，
但是嗡嗡的聲音卻**得寸進尺**，
恨不得在你耳邊和臉上跳舞。

終於，
你忍無可忍！**一巴掌**打在自己的臉上！

當你打開燈一看，臉上只有一個**清晰的紅掌印**。

你只能**暴跳如雷**或者**黯然神傷**，

然後發出那句**靈魂拷問**：

為什麼朕打不到蚊子？

或許有人說，用**化學手段**就好了，幹嘛大費周章？

可以是可以，但**不夠解恨，親手打死**比較解恨！

而正常人打蚊子，

往往傾向於**毫無軌跡、毫無章法**的亂打。

憤怒！憤怒！

啪！

俗稱無能狂怒！

單手抓蚊子、**雙手合十拍**蚊子，

這是最為常見，同時也是**最為低效**的方法。

小手一伸往往以為自己抓／打到了，

結果一放手，發現啥也沒有。

這還算好了。

最氣的還是一鬆手，蚊子**慢慢地**從手裡飛出來。

可見這兩招**精確度**和**殺傷力**都不足。

正所謂「*君子善假於物也*」，

人類借助於先進科技──**電蚊拍**，

獲得了足以和蚊子速度抗衡的**硬實力**。

電蚊拍的長度大大加強了人類的能力，

借助**槓桿原理**，即**角速度 × 長度＝線速度**，

透過增長手臂長度，

可以突破人類的巴掌速度，

從而有效對抗蚊子的**高速移動**。

而且比起雙手必須透過用力擠壓才能致死，

電蚊拍**一碰即死**，可以說是**非常靈活**了。

只是這個看似完美的方法，

實際上使用起來也有**很多限制**，

因為電蚊拍強力有餘而便利不足。

例如：蚊子**停在臉上**或者**其他狹窄處**，
電蚊拍就很難打得到。

當然最多的情況還是這樣：

這些方法或多或少都存在著一定瑕疵。
下面就來介紹**最科學的打蚊子方法**！
為此我們先要科學地分析一下**蚊子的飛行方式**。

蚊子作為歷史上殺人最多的動物,
自然有自己的一套獨門祕笈。

一般會飛的昆蟲,
都是透過「前緣渦流」的機制來飛行。

給我說人話!

簡單來說,就是昆蟲的翅膀**往下掃**的時候,
前端產生**空氣渦流循環**,
使得**上面**的氣壓**低於下面**的氣壓。
下面的氣壓高、上面的氣壓低,
於是下面的氣壓就會托著昆蟲「**上升**」,
所以昆蟲就飛起來了。

而蚊子除了會這個，

還有「獨門絕技」——**旋轉翅膀**。

蚊子可以透過向下旋轉翅膀，

進一步在上方形成**低壓區**，可以為蚊子提供**額外的升力**。

蚊子這套獨特的飛行機制，

導致了它可以**急速調節**自己的升力，

換句話說，就是蚊子的**上下飛行**很靈敏。

得意~　得意~

???

你看，不管是抓或是雙手拍，
很多都是**橫向**的攻擊。
蚊子可以透過**調節自己的升力**，
輕易地上升或者下降來**躲開**。

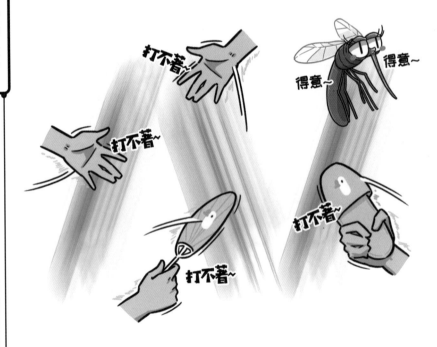

所以真正科學地打蚊子方法是——

上下拍！

當然，由於大多數人都習慣左右拍，

上下拍的動作就會**很生疏**，

所以可能會出現不順手、速度慢等情況，

導致**初期**常常會失敗。

不過只要**多加練習**，

就能**慢慢習慣**這個動作，大大增加**成功率**。

——此處分隔線——

如果你學會了打蚊子，

那麼恭喜你，你就可以開始**挑戰打蒼蠅**了！

用雙手拍拍蚊子，有時還能成功一下，

但是如果要拿這套來打蒼蠅，

除非你是**天賦異稟、反應神速**，否則這個**成功率是非常低**的。

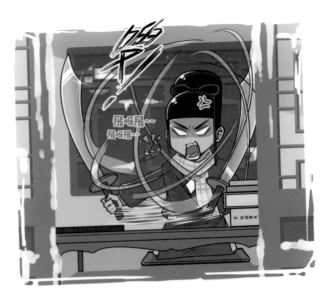

蒼蠅比蚊子更難打到，其原因在於——
蒼蠅的**眼睛**和**大腦**。

它的**複眼**由多達 **4000 個**小眼組成，
這種眼睛的解析度遠遠比不上人類。

犧牲了分辨率，蒼蠅所能得到的是：

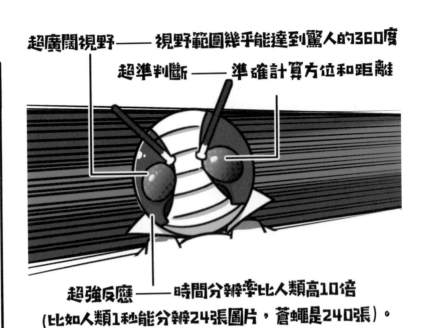

超廣闊視野——視野範圍幾乎能達到驚人的360度

超準判斷——準確計算方位和距離

超強反應——時間分辨率比人類高10倍
（比如人類1秒能分辨24張圖片，蒼蠅是240張）。

不過作為代價，蒼蠅永遠看不到高畫質 4K 電影了。

為什麼？

蒼蠅可以有效觀察到身邊 360° 各種狀況，

同時它的**反應速度**是人類的 **4-6 倍**，

從察覺到飛走，只需要 **200 毫秒**。

也就是說，在人類眼中快如閃電的一擊，

在它眼裡，
完全就是慢動作。

這就是為什麼不管人類想從什麼角度發動攻擊，

甚至是想從背後暗中偷襲，

蒼蠅都總是能**提前飛走**的原因。

嘿，打不到！

那麼，該怎麼打蒼蠅才科學呢？

跟蚊子不同，蒼蠅也有自己的一套**飛行方式**。

蒼蠅的後翅退化成了**平衡棒**，

這意味著它的**飛行軌跡**可以**非常多變**。

謝謝大家！

而且蒼蠅想要飛行的時候，

並不是立刻飛走，而是**先跳再飛**。

一般是兩種形式：

❶ 垂直起跳

❷ 斜向上起跳

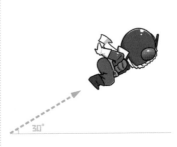

30°

蒼蠅在察覺到危險的時候，會**先跳起一定高度**，
然後可以朝各個方向**接近平移地飛走**，非常快速。

360°視野！超強反應！快速飛行！

那人類該怎樣，才能打到這種無敵的存在呢？

其實，蒼蠅的**優點**正好也是蒼蠅的弱點，

可以為我們所用。

1　超強反應力

蒼蠅的超強反應力，

可以讓它在千鈞一髮之際安全逃離。

蒼蠅過於依賴這個超強反應力，

反而成了它的**弱點**。

因為反應能力太強，

所以蒼蠅往往會對**緩慢移動**的物體不敏感，

畢竟反應這麼強，如果所有風吹草動都要逃跑，

蒼蠅早就累死了。

要點1：打之前盡量先縮短距離，慢慢把手移到側面，蒼蠅一般不會有反應的。

蒼蠅會先跳起，然後接近平移地飛出去。

這意味著蒼蠅幾乎可以**躲開上方的所有攻擊**。

所以，如果從下方往蒼蠅本來所在的地方打，

是不行的。

蒼蠅不是蚊子，

橫向飛行能力很強，

而**上下飛行能力**卻沒有蚊子那麼強。

要點 2：應該從側面發動橫向攻擊。

結合上面兩點，**最正確的打蒼蠅方法**是這樣的：

首先，**緩慢把手移動到蒼蠅旁邊，
比蒼蠅高大概 2 公分左右，**

然後，用盡全力——

恭喜你，
這樣就能抓到一隻蒼蠅了！

什麼？抓到了該怎麼辦？

一旦抓到，就可以用力甩在地上，

蒼蠅就會被摔個半死，然後補上一腳就行了。

當然，你要用來做點別的也行……

祝大家**都能在打蚊子打蒼蠅中，**

打出快樂、打出成就！

很遺憾，打哈欠還是個未解之謎…… 🎤 | 📷 搜

今天，朕要來說一說……

啊——抱歉抱歉！

不知道為什麼，朕……

抱歉抱歉，你是不是也打哈欠了？

朕來講一講打哈欠。

哈欠並不是人類專屬行為，

很多動物都**解鎖**了這個技能。

那麼問題來了：為什麼要打哈欠？

很遺憾的是，

打哈欠其實是一個**未解之謎**。

前些年，科學家們的主流觀點還認為：

打哈欠是因為**缺氧**。

動物們因為**疲憊**或者**無聊**，**大腦**或者**血液的供氧不足**，
為了增加體內含氧量，於是透過打哈欠深吸一口氣，
就能增加供氧量，起到**提神醒腦**的作用。

看著很有道理

近些年實驗裡發現：
打哈欠貌似並不能增加供氧量。
而且人們發現**胎兒**在發育過程裡，就已經會打哈欠了，
那時胎兒還不會呼吸，根本沒什麼供氧量可言。

這就有點尷尬了。
於是科學家們提出了**第二種猜想：**

科學家們做過一個實驗，用儀器監控著**老鼠**的大腦。

他們發現老鼠打哈欠之後，體內的含氧量並沒有變化，

奇怪的是，**大腦的溫度倒是下降了。**

沒想到吧！

就像電腦太熱會**當機**，動物的大腦也是這樣的。

而且大腦作為一個精密的器官，對於溫度很敏感，

溫度過低的時候，大腦就會變得**遲鈍**。

温度過高的時候，大腦就會變得**衝動易怒**。

温度更高時，大腦就會變得混亂（例如：發燒的時候）。

也就是說，

大腦處在一個**適中的溫度**內才能清醒著好好工作。

而打哈欠正是一個**降溫的手段**。

首先，打哈欠要張**大嘴**，

透過伸長下巴，運輸到大腦的血流速度會增加。

緊接著，我們會吸入**冷空氣**，

這股冷空氣會穿過**上鼻腔**和**口腔**，

冷卻這股血流，從而將──

這個原理……等等……這樣的話，朕就可以發明一個永遠保持大腦清醒的動作了。

1. 保持張開下巴──保持加快腦部血流速度。

2. 不斷喘氣──不斷吸入冷空氣來製冷。

朕是不是天才？你們怎麼老摸我的頭？

當我們疲倦的時候，我們大腦的溫度就會上升，

所以這時大腦就指揮身體打個哈欠，**降降溫**。

由於溫度暫時下降，大腦能正常工作了，
所以人就會感到「**清醒**」。

科學家為了進一步驗證，

就讓兩群人觀看別人打哈欠的影片（惡魔般的拷問），

一組人頭上敷著**熱敷包**，另一組人頭上敷著**冷敷包**。

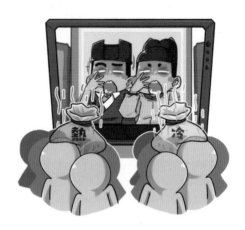

敷著熱敷包的實驗者，全程有 41% 的時間在打哈欠。

而敷著冷敷包的實驗者，只有 9% 的時間在打哈欠。

話雖如此，打哈欠真正的原因還在爭議中。

哈欠本身還挺神祕的。

更神祕的是——

哈欠可以傳染！

你可能對這樣的情景並不陌生。

在一個空間內，只要有一個人打起哈欠，

接下來的幾分鐘內，哈欠就會 **「傳染」** 給其他人，

其他人也紛紛開始打哈欠。

或許你看到這裡已經打了好幾個哈欠了。

哈欠傳染是真的很奇妙，不僅人和人之間能傳染，**動物和動物之間**也能傳染，連**人和動物之間**也能傳染。

哈欠為什麼會傳染？這其實也是一個未解之謎。

目前有很多種解釋，說兩種比較新的。

無意識模仿

據說在動物的大腦皮層內有一種特殊的神經細胞，

被稱為 **「鏡像神經元」**。

在我們**看到**或**聽到**特定動作時，

鏡像神經元就會被啟動，

讓我們**像照鏡子一樣**，**無意識**地模仿對方動作。

例如兩個人聊天，一個人翹起二郎腿，

另一個人可能也會無意識地跟著翹起二郎腿。

說廣泛一點，語言、學習、文化⋯⋯

這一切都是從**模仿**開始的。

不管是人類還是動物，

都是透過模仿來學習、感受，來適應生活。

所以，當看到別人打哈欠的時候，
鏡像神經元可能是這樣想的——

於是，我們的鏡像神經元就會被**自動啟動**，
大腦會不由自主地產生跟對方**一樣的生理反應**，
所以自然就打出哈欠，於是哈欠就這樣被「傳染」了。

同理心

「鏡像神經元」這個理論還挺**玄**的，並不被所有科學家接受。

所以有的科學家認為，

之所以打哈欠會傳染，是因為更高級的社會能力——

同理心。

同理心是什麼？請看這張圖——

如果你也覺得**「好痛」**，

那麼就是你的同理心在發揮作用。

通俗來講，同理心就是「*理解他人感情的能力*」，
同理心越強，就意味著**同情心越高、越友好**，
越可能在群體裡和別人相處得更融洽。
一般對越親近的人，同理心越強。

正巧的是，人們對於親人的哈欠反應最強，
其次是朋友、然後是熟人，
對陌生人的反應最弱。
而且一般**同理心更高的人，更容易被傳染**。

如果你看到這裡已經打了很多個哈欠，
可能說明你是個富有同情心的人。

為了進一步論證是不是同理心，
科學家們又讓**自閉症兒童**去看別人打哈欠，
結果他們被傳染的**機率大大下降**。

自閉症患者的同理心普遍比較低下，

這就證明哈欠的「傳染」很可能是因為同理心。

此處分隔線

總之，情況大概就是這麼個情況，

關於哈欠還有很多未解之謎。

不過，至於為什麼大家總喜歡去**打擾別人打哈欠**，

或者**阻止別人打哈欠**，

就是另一個未解之謎了！